好妈妈
培养孩子财商的
关键

引康◎编著

中国纺织出版社有限公司

内　容　提　要

对于任何一个成长中的孩子来说，不但需要积累知识、经验，更要积累财富，因为在这瞬息万变的社会中，懂得如何赚钱，是最基础的保障。作为妈妈，要尽早将财商教育当成家教的重要组成部分，并且在日常生活中一点一点地培养孩子的理财意识和理财能力。

本书就是从理财的角度入手，告诉妈妈们如何培养孩子的理财意识和理财能力，让孩子认识到要靠自己的双手致富的道理，并让孩子学会如何积累财富、创造收益。

图书在版编目（CIP）数据

好妈妈培养孩子财商的关键 / 引康编著. -- 北京：中国纺织出版社有限公司，2024.4
ISBN 978-7-5229-1615-6

Ⅰ. ①好… Ⅱ. ①引… Ⅲ. ①财务管理—少儿读物 Ⅳ. ①TS976.15-49

中国国家版本馆CIP数据核字（2024）第068829号

责任编辑：刘桐妍　　责任校对：寇晨晨　　责任印制：储志伟

中国纺织出版社有限公司出版发行
地址：北京市朝阳区百子湾东里A407号楼　邮政编码：100124
销售电话：010—67004422　传真：010—87155801
http://www.c-textilep.com
中国纺织出版社天猫旗舰店
官方微博 http://weibo.com/2119887771
鸿博睿特（天津）印刷科技有限公司印刷　各地新华书店经销
2024年4月第1版第1次印刷
开本：710×1000　1/16　印张：12
字数：112千字　定价：49.80元

凡购本书，如有缺页、倒页、脱页，由本社图书营销中心调换

前言

生活中，我们总是听到很多妈妈抱怨"我家的孩子花钱总是大手大脚，每个月的零用钱不断上涨""我家的孩子花钱一点都没有计划，总买一些没用的东西"……其实，孩子这种乱花钱的习惯与家长的教育有着直接的关系。随着社会经济的发展，很多家庭逐渐富裕了，孩子是家庭富裕的"直接受益者"，很多家长尤其是妈妈对孩子提出的要求也是尽量满足。可是，事实上，这种给孩子大把钱花的教育方式是有百害而无一利的，作为妈妈，我们不要把给孩子零用钱当例行公事，要教导孩子们如何管理手上的金钱，并赋予他们理财的责任。

对孩子的理财教育，就是财商培养。然而，提到理财，不少妈妈会说，理财不是成人的事吗？其实不然，理财是孩子在很小的时候就应该学习的生存技能，让孩子学会理财是非常必要的。而财商教育也是家教的有机组成部分，是与孩子健康成长息息相关的。事实上，5~6岁的孩子已经对钱财有一定的认识了，他们也能清楚地了解一些物价，此时，对他们进行财商教育再适合不过。

《富爸爸，穷爸爸》的作者清崎先生说："一对贫困的父母在培养孩子的理财观念时，只会说'在学校里要好好学习喔'。结果，他们的孩子可能会以优异的成绩毕业,但同时也继承了贫穷父母的理财方式和思维观念……这也解释了为何有些人在学校时成绩优异,可一生中还是要为财务问题伤神。他们中有些人虽然受过高等教育,但却很少甚至没有接受过财务方面的培训。因此,只要孩子开始对钱感兴趣,就该教他们理财。"

其实,孩子的财商是从小培养的,这并不是要求妈妈们不给孩子接触金钱的机会,而是应该教他们合理地规划自己的钱财。在孩子小的时候,妈妈就应有意识地培养孩子的财商,指导他熟悉基本的金融知识与工具。不过在此要提醒的是,培养孩子财商的内容必须依照孩子心智发展情形而定,找出适合他的理财学习方法。教会孩子理财,从短期效果看是让孩子养成不乱花钱的习惯,从长远来看,将有利于孩子及早具备独立生活的能力,使其在高度发达、快速发展的时代中,具有可靠的立身之本。

总之,作为妈妈,我们都希望孩子在未来能不为金钱烦恼,都希望他们从小就养成一种正确对待财富的思维方式,并且通过不断训练进行强化,逐渐形成一种正确的行动模式,这样能帮助孩子在财富积累上获得成功,至少能避免一些错误,而这就是我们编写本书的目的。全书分8章,从零花钱、赚钱、攒钱、花钱、"钱生钱"等方面分享了孩子们应该树立的理财观念,让妈妈们能更快、更好、更牢地掌握教孩子理财的本领,希望本书能对广大妈妈们有所帮助。

编著者

2021年3月

目录

第一章　财商启蒙，培养孩子的财商要趁早

什么是财商　_003

妈妈要担起更多启蒙孩子财商的责任　_006

培养孩子财商，有时不妨倒过来看　_010

理财透明化，让孩子"看到"自己的钱　_014

让孩子了解什么是保险　_017

妈妈对孩子的财商教育越早越好　_021

第二章　钱是什么，尽早在孩子的头脑中植入正确的金钱观

告诉孩子金钱的来源　_027

钱不是万能的，没有钱却万万不能　_032

教会孩子让金钱为自己所用　_035

妈妈可以偶尔让孩子付钱　_038

告诉孩子钱要花在刀刃上　_041

妈妈应从小教会孩子什么是钱以及怎样花钱　_045

让孩子看到什么是贫穷，什么是富有　_048

第三章 规划零花钱,是妈妈教给孩子的理财入门篇

从孩子多大时可以给零花钱 _ 053

让孩子学会合理分配自己的零花钱 _ 057

孩子的压岁钱,让他自己保管 _ 061

鼓励孩子养成记账的好习惯 _ 065

孩子用零花钱买彩票,可取吗 _ 069

给孩子零花钱,不可有求必应 _ 073

第四章 君子爱财,取之有道,让孩子认识多种生财渠道

积少成多,财富的积累是一个过程 _ 081

妈妈可以送给孩子储钱罐 _ 085

让孩子学点销售,知道赚钱的不易 _ 090

让孩子偶尔做一做有偿家务劳动 _ 093

告诉孩子什么是银行并为孩子开设银行账户 _ 097

第五章 投资之道,妈妈这样教会孩子钱生钱的风险与机遇

尽早培养孩子的投资意识 _ 105

开阔孩子的视野,避免孩子唯钱是亲 _ 109

贷款买房是否划算 _ 113

第六章　杜绝乱花钱，妈妈要尽早培养孩子正确理性的消费观

买促销商品真的划算吗 _ 119

纠正孩子大手大脚花钱的毛病 _ 123

控制消费冲动 _ 127

和孩子制定规则：一次只能买一件 _ 132

小心广告对你的消费影响 _ 136

第七章　不做守财奴，妈妈要培养爱赚钱却不吝啬分享的阳光好孩子

懂感恩的孩子愿意为家人花钱 _ 143

培养乐于分享的孩子 _ 146

让孩子从小学会帮助别人 _ 150

友善慈爱，妈妈要从小对孩子进行慈善教育 _ 153

经常给孩子讲讲富豪们的慈善故事 _ 158

第八章　积少成多，让孩子学会勤俭节约和积累财富

让孩子养成勤俭节约的传统美德 _ 163

让孩子明白每一分钱都来之不易 _ 167

妈妈以身作则，身体力行勤俭持家 _ 170

告诉孩子节俭是传统美德，并不丢人 _ 175

告诉孩子凡事有度，节俭不可过度 _ 179

参考文献 _ 183

第一章
财商启蒙，培养孩子的财商要趁早

很多父母都非常看重孩子的智商和情商，也知道智商和情商的高低，对于孩子的发展起到决定性的作用。然而，在此过程中，父母却忽略了对孩子财商的培养。实际上，财商的作用也很重要，可以与情商、智商一起并列成为孩子的三大商。这三大商之间是相辅相成、缺一不可的关系。所谓财商的培养，就是对孩子进行财富处理的启蒙，从而让孩子拥有驾驭财富的智慧。父母要认识到在财商教育中，智慧占有重要的地位，提升孩子的财富智慧，才能够有效地帮助孩子更好地驾驭金钱。

什么是财商

所谓财商,指的是一个人认识金钱和驾驭金钱的能力。财商能够表现出一个人在财务方面所拥有的智慧和智力。具体来说,财商包括两个方面的能力。第一个就是认识财富的能力,第二个就是应用财富的能力。当一个人既能够认识财富,也能够应用财富,从而让自己的财富成倍增值,那么他就会真正成为金钱的主宰,也能够利用钱去做自己很多想做的事情,提升人生的质量。

当然,对于孩子来说,认识财富与驾驭财富并不是能够很容易做到的一件事情,甚至包括很多父母在内,他们的财商也不是很高。父母一定要重视对孩子财商的培养,要从孩子小时候起就引导孩子形成对财富的意识,这样孩子才能循序渐进,越来越深入地了解金钱与财富,也才能够在财富管理方面有更好的表现。

智商很大程度上取决于先天因素,财商却不同,财商大部分是靠着后天的培养才得以提升的。现代社会中,我们每天都离不开金钱。在这样的情况下，钱就成了生活中的必需之物，正因为每个人都要与钱打交道，而他们与钱打交道的方式不同，对金钱认知的深刻程度也不同，所以他们在面对金钱的时候就会有不同的收获。

很久以前，有一个国王要出远门去旅行，临行之前，他分别给三个下属每人一块金子。这块金子闪闪发光沉甸甸的，下属们得到金子都非常高兴。国王对下属说："我要出门去旅行，要走很长的时间。在此期间，你们可以拿着这块金子去做想做的事情，等我回来的时候，你们再来告诉我你们用这块金子做了什么。"

下属们平白无故得到一大块金子，全都兴致勃勃地去做想做的事情了。第一个下属用这一块金子赚取了十块金子，国王回来的时候，他就高兴地拿着十块金子送给国王。国王奖励给他十座城池。第二个下属拿到金子之后也去做生意了，但是显然他的生意经念得不如第一个下属好，他只用这块金子赚取了五块金子。国王对此也相对满意，他奖励给第二个下属五个城池。第三个下属呢，看到国王回来了，他拿出一个很大的包裹，国王不知道他拿的是什么，充满好奇地看着他。只见他打开一层又一层的包裹，直到最后才从包裹里拿出一块金子。他对国王说："尊敬的陛下，您给我的金子我一直好好地保管着呢，因为怕丢失，所以我每天都会在上面再包上一层布，您看看您走了这么久，包裹都包得这么大了。"国王勃然大怒，他说："你把金子包起来干什么？金子就是用来花的，你哪怕把它花掉，也比把它包起来强得多。别人都用金子赚了钱，你却弄了这么多布把金子包上！"国王生气地命令第三个下属把金子给第一个下属，怒气冲冲地说："如果你拥有得少，我就会把你拥有的一切都夺过来；如果你拥有得多，那么我还要再多给你一些，这样你就会有更多的资本赚取更多的金钱。"后来经济学家们把这个理论运用于经济学领域，并且将其命名为马太效应。

对于一个人来说，初始的资金很重要，这是因为如果一个人身无分文，需要靠出卖劳动力去赚取人生中的第一桶金，那么他就要花费比别人更多的时间。反之，如果一个人有了第一桶金，就像故事中的国王给每个下属一块金子，那么他们在用这块金子去赚取金钱的时候，就会显得相对容易。当然，这并不意味着如果我们没有初始资金，就只能够被贫穷困住，实际上，当我们非常努力，靠着自己的双手去创造财富的时候，很快就能赚取人生中最初的资本。

马太效应告诉我们，金钱是流通之物，在有了金钱之后，我们要将其流通起来，创造更多的价值。不管是以钱生钱，还是用钱去做很多有意义的事情，都是钱的价值体现。反之，如果把钱储存起来，一直不舍得拿出来用，不舍得去消费，不舍得用它去帮助别人，那么金钱就毫无意义和价值。对于孩子来说，童年时期是他们形成财商的最佳时期，父母要培养孩子的财商，就要帮助孩子认识钱，树立正确的金钱观念，也要帮助孩子形成正确的人生观和价值观。唯有如此，孩子才能够运用金钱为自己的生活服务，也才能够成为金钱的主宰。

妈妈要担起更多启蒙孩子财商的责任

如今很多孩子都是家里的小皇帝、小公主，他们是十八里地的一棵独苗，所以从小就得到父母的宠爱和祖父母无微不至的照顾，不管有什么愿望，都能够在第一时间被满足。在这样的情况下，孩子会越来越骄纵宠溺。他们不会觉得金钱来之不易，不管有什么需求都会当即向父母和长辈提出来。一旦得不到满足，他们就会歇斯底里地哭闹。面对孩子这样的状态，父母常常会抱怨孩子不懂事，尤其是在看到孩子大手大脚花钱买各种东西的时候，父母还会抱怨孩子不知道赚钱的辛苦。很多孩子虽然已经长大成人，有了人生中的第一份工作，开始赚钱养活自己，但是他们却依然需要父母接济，过着月光族的日子，就是因为他们非但没有养成储蓄的好习惯，还会进行超前消费。看着孩子透支的信用卡、厚厚的账单，父母怎么能不忧心忡忡呢？

每当出现这样的情况时，父母不要急于抱怨孩子，这是因为孩子是父母的镜子，孩子的行为是父母教育的结果。当孩子身上出现一些问题的时候，有可能是因为父母对孩子没有尽到教育的义务，也有可能是父母的不良言行对孩子造成了负面的影响。尤其是在财商教育方面，如果父母不能在孩子小时候就对孩子进行财商启蒙教育，那么，孩子并不会在成长的过程中自然而然地拥有很高的财商。所以父母切勿批评孩子财商太低，而是要先反思自己对孩子的教育是否达到了预期的效果，要反思自身的行为是否给孩子树立了良好的榜样，这是非常重要的。

对于孩子而言，父母对他们进行过财商启蒙和教育，与从未进行启蒙教育相比，他们的发展和成长是截然不同的。因此，要想让孩子从小就具有理财意识，父母一定要尽早对孩子进行财商教育的启蒙。

在全世界范围内，犹太人作为一个特别聪明的民族，是很擅长做生意的。对于普通人而言，也许一磅铜的价格就是一磅铜的价格，但是对于犹太人而言，一磅铜的价格甚至可以以几十倍甚至一百多倍的价格卖出去，就是因为他们会把这个东西加工成为商品，然后高价出售。

有一个犹太父亲问孩子："一磅铜的价格是多少？"孩子回答："35美分。"父亲对孩子点点头说："作为普通的孩子，这个回答是正确的，但是作为犹太人的孩子，你的回答显然不够完美。我告诉你，一磅铜的价格应该是35美元。"孩子感到非常诧异，要知道35美元可是35美分的100倍啊！他疑惑地看着父亲，父亲对他说："可以把铜做成各种东西，例如一个小小的雕塑或者是门的把手，这样一来，铜的价格就会成倍增长。"孩子听着父亲的话，陷入了沉思。后来，父亲经常抓住生活中各种各样的机会，对孩子进行财商启蒙。过了很多年，父亲去世了，他把自己经营的铜器店传给了孩子，孩子摇身一变成为了铜器店的老板，他能否把铜器店经营得风生水起呢？

有一段时间，美国政府有一批废铜需要处理，因此公开向社会发起招标，希望有人能够主动承担起处理这批废铜的任务。对此，很多人都没有响应，这是因为他们觉得处理废铜是一个费时费力的工作，他们都不愿意做。得到这个消息后，犹太孩子主动承担起处理废铜的工作。当时，很多人都嘲笑犹太孩子太愚蠢，因为处理这些废铜需要耗费大量时间和精力，但是犹太孩子却胸有成竹。他让人把这些废铜熔化，铸成一些小小的雕像，还用这些废铜的边角料来做其他的纪念品。就连废铜中夹杂的一些木料和水泥，他也没有浪费，而是将其加工成底座。就这样，一堆原本无人问津的破烂儿，经过他的巧妙构思，变成了一堆价值不菲的商品，他把这堆废料的价值翻了1万倍。那些曾经嘲笑他愚蠢的人，这下子全都闭嘴了。

犹太孩子之所以具有这样的远见卓识，并不是因为他天生就很会做生意，而是因为在成长的过程中，精于做生意的父亲一直在对他进行财富启蒙，这使孩子养成了财富思维。和这个犹太孩子相比，很多普通的孩子只会吃吃喝喝，他们过着衣食无忧的生活，自然也就不会为赚钱而动脑筋。

在家庭教育中，父母一定要及时对孩子进行财富启蒙，尤其是要抓住孩子成长的黄金时期，帮助孩子更好地获得进步。如果父母从来不告诉孩子金钱是珍贵的，也不告诉孩子要尊重父母的劳动成果，那么孩子当然不会在意父母为了养育他付出的辛苦努力。只有父母给予孩子正确的教育，才能够对孩子的人生起到积极的影响，等到有朝一日孩子回顾起这段时期的经历时，他一定会想起父母对他的谆谆教诲，也会对父母产生感恩之情。对于家庭的幸福和睦来说，这是非常重要的。

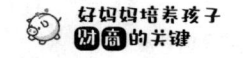

培养孩子财商，有时不妨倒过来看

人的思维很容易养成惯性，尤其是在思考问题的时候，会遵循着已有的经验去思考问题，而不会另辟蹊径。从思维的角度来说，能拥有发散性的思维方式，是非常难得的。在面对很多棘手的或者难以解决的问题时，如果我们能够运用逆向思维的方式进行思考，就会得到出人意料的答案。

具体而言，逆向思维的人就是反其道而行之，这样就能使思维向着一般方向的对立面发展，也能够完全换一个角度来进行探索。很多时候，我们会因为一些难题而被限制了思路，甚至会走到死胡同里，不知道如何打开自己的思路。在这种情况下，我们不如把整个思路颠倒一下，如果说本来是从因到果，那么我们就可以采取从果到因的逆向推理方式，这对于培养思维能力是非常有好处的。

在财商教育中，如果孩子有一些问题不能理解，或者面对财商的难题时不知道该如何处理，那么，父母可以有意识地激发孩子的逆向思维，引导孩子进行逆向思考。这会帮助孩子打开思路，使孩子看到完全不同的局面，这对于激发孩子的思维，打开孩子的思路大有裨益。

有一家银行的贷款部装饰得富丽堂皇，来往这里的都是些非富即贵的人，尤其是很多大富豪，最喜欢和银行的贷款部打交道。每当资金链断的时候，他们就会来贷款或者借款，从而让自己的流动资金变得更加充裕。所以贷款部的营业员们每天都和富豪打交道，渐渐地，他们的眼光变得非常犀利，常常只需要看一眼就能判断一个人是否是真的富豪。

有一天，一个衣着考究的人走进银行贷款部。工作人员一看就认定这个人来路不凡，尤其是通过观察这个人的穿着打扮和手腕上戴的金表，他们意识到这个人肯定是个大富豪，所以非常热情地接待他。贷款部人员问这个人："先生，您有什么事情需要帮助吗？"工作人员小心翼翼地察言观色，对大富豪提出了问题，大富豪彬彬有礼地对工作人员说："我想借款。"工作人员当然愿意办理巨额的借款业务，当即非常热情地问："好的，请问您需要借多少钱呢？"出乎工作人员的意料，大富豪说："我想借一美元。"工作人员简直怀疑自己的耳朵出了毛病，他惊诧地问："什么，您只需要借一美元吗？"这么说着，工作人员的心里泛起了嘀咕：这样的富豪居然只借一美元，难道他是上头派来暗访的？是不是想看看我们对于这种小客户的态度如何呢？这么想着，工作人员更加热情地笑着，当即说："当然可以，先生。您需要提供担保资料，我们才能为您办理借款手续。"

大富豪显然有备而来，他从随身带的公文包里取出所有的资料提供给工作人员，工作人员清点之后，发现大富豪带来的股票、债券等价值已经超过了五十万美元，但是用五十万美元做担保贷款一美元，这到底是怎么回事呢？工作人员带着疑惑为这位富豪办理了借款手续。等到所有手续都办理完之后，工作人员再也按捺不住好奇，问大富豪："先生，我可以问您一个问题吗？"大富豪微笑着点点头。工作人员说："我在这家银行工作这么久了，还没有见过只借一美元的呢，尤其是像您这样身价不菲的人。您可以告诉我，您为什么只借一美元吗？"大富豪忍不住笑起来，对工作人员说："其实，我只是想用你们的保险箱存放这些重要的文件。我已经咨询了好几家金库，他们的保险箱租用价格都很高，如果在你们这里借钱用这些东西做担保，那么你们银行的保险箱不就可以给我用来储存这些东西了吗？最重要的是，你们的利息很便宜啊，一美元的利息一年很低，我相当于免费用了你们的保险箱，而且你们银行的保险箱肯定是最安全的。"听了大富豪的解释，工作人员恍然大悟，忍不住对大富豪竖起大拇指，由衷地赞叹道："先生，您真是高明，如此精打细算的富豪，生意怎么能不做大做强呢？"

不得不说，这位大富豪的思路非常清奇，很多有钱人都花费昂贵的价格去租用保险箱，这是因为他们很担心自己贵重的物品会丢失。但是这位大富豪却不想花那么多钱租用保险箱，所以就想出了这个方法。原本，他向银行借款提供抵押资料是为了保证还款，但他只借一美元，却向银行提供了这么多资料，显然，他并不是真的为了借钱，而是用这样的方式把自己重要的资料存储在银行里，这岂不是最安全也最省钱的做法吗？

这位大富豪已经这么富有了，却并未视金钱为粪土。他采用了逆向思维的方式，让自己以常人难以预料的办法享受到银行的服务，可以说这种方式非常绝妙。父母在培养孩子财商的过程中，也要训练孩子进行逆向思考，只有这样，孩子在遇到很多问题的时候，尤其是当思路受到局限的时候，才能够打破局限，积极地思考问题。孩子掌握了逆向思维，在理财的过程中思考问题就会更加全面周到，尤其是在遇到各种难题的时候，他们也能够以出奇的思路去解决问题和攻克难关。

理财透明化,让孩子"看到"自己的钱

现代社会,随着电子产品的普及,电子支付也越来越流行。很多年轻人身上甚至从来不带现金,而是只带着手机。不管是坐公交车还是坐地铁,也不管是去菜场买菜还是去商超购物,都可以使用手机支付,这使得现金的支付和流通作用越来越弱。在这样的情况下,父母要如何对孩子开展理财教育,让孩子形成理财意识呢?

很多年纪比较小的孩子刚刚学会认识钱,也刚刚知道金钱的作用。在这样的情况下,父母不要只使用电子支付的方式来进行消费,为了帮助孩子更深刻地认知钱、更深刻地理解金钱的意义和价值,父母在现实生活中应该为孩子创造机会,让孩子看到自己的钱,也让孩子看到父母在用钱做一些事情。

除了让孩子看到金钱消费的过程外,父母还要尊重孩子的私有财产。每到逢年过节的时候,很多父母看到孩子收取了很多压岁钱,或者是看到孩子从长辈那里得到了零花钱,就会把孩子的钱拿走保管。对于孩子来说,

这样的保管并不有效。有的时间长了，孩子想把钱拿回来做一些事情，父母就会以各种方法来拒绝，也有的父母会以帮助孩子存钱给孩子将来读大学为由打发孩子，使得孩子虽然高高兴兴地拿到了压岁钱或者零花钱，但始终看不到自己的钱。这样一来，又如何能够培养孩子的理财意识呢？

看到孩子把钱放在自己这里并不踏实，父母还会抱怨孩子不相信自己，甚至说孩子是个小气鬼、吝啬鬼。也有人建议给孩子开一个银行账户，父母又觉得孩子还小，不理解银行的意义，所以也不愿意麻烦。实际上对于孩子来说，理解银行的作用，也知道爸爸妈妈在进行电子支付的时候花的是哪里的钱，对他们提升财商非常重要。

其实，理财教育和理财意识的培养并不难进行，毕竟生活中每个人都要跟钱打交道。每天我们都要买若干次东西，在买东西的时候，如果能够借机和孩子探讨金钱的来路和去处，并且确定金钱的用途，将会有助于提升孩子的财商。那么，如何让孩子看到自己的钱呢？尤其是在现在电子支付很流行的情况下，父母有机会就要教孩子认识钱，即使没有机会，也要创造机会让孩子认识钱，具体来说要进行以下三步走。

第一步要让孩子认识银行，知道银行的作用。很多孩子都不知道银行是做什么的，只知道没钱了就去银行里取。实际上，只有先在银行里储存钱，再去银行里取钱才是正常的流程，而如果不管自己有没有钱，都要求银行必须给自己钱，这就是强盗了。如今，银行里卡的种类也是非常多的，有一些是储蓄卡，还有一些是信用卡。有些银行为了吸引客户，还会推出一些卡面比较有特色的纪念卡。对于这些卡片，父母要教会孩子认识，告诉孩子储蓄卡和信用卡的本质区别。如果孩子已经学会了使用银行卡，再去银行里取钱存钱的时候，父母还可以教会孩子操作，这样孩子对银行的作用有更深的理解。

第二步，如果孩子已经有了压岁钱、零花钱，那么父母可以带孩子去开一个银行的账户。很多银行都已经设立了儿童账户。现在孩子只要拿着户口本和监护人一起，就可以在银行里开账户。对于孩子来说，当他们在银行里拥有了账户时，还会觉得非常新鲜。在此过程中，他们对于金钱的理解会更加深刻。

进行完第二步之后，接下来的第三步才是让孩子看到自己的钱。如果给孩子开设的是存折，那么就可以让孩子看看存折里的金额，这是非常直观的。如果给孩子开设的是卡，那么父母就可以带着孩子拿着卡去自动取款机上查询余额，还可以把孩子的卡与自己的手机绑定，那么在APP上就可以看到余额。这使孩子可以随时看到自己的存款，当在银行卡里存入更多的钱，他们会因为余额的增加而感到高兴，当自己因为消费或者购买一些东西而花了一些钱，看到余额减少，他们又会意识到金钱的来之不易。显然，这对培养孩子的财商是非常有好处的。

当然，对于未成年的孩子来说，他们并不具备独立支配金钱的能力，尤其是对于比较大额的金钱，父母要对孩子尽到监管的义务，毕竟孩子很容易受到各种东西的诱惑，也缺乏自控力，所以他们驾驭金钱的能力相对薄弱。父母只有跟孩子在一起，和孩子更好地相处，从生活中的点点滴滴着手对孩子加以引导，才能够从方方面面培养孩子的金钱意识，提高孩子的理财能力。

让孩子了解什么是保险

说起理财，就要提到保险，这是因为在现实生活中做很多事情都有风险。如果没有保险作为保障，而把所有的风险都扛在自己的身上，那么一旦风险发生，就会导致非常严重的后果。尤其是对于投资而言，风险是一定存在的，越是想要获得高收益，就越是会伴随着高风险。在这样的情况下，父母要告诉孩子什么是保险，并且培养孩子的保险意识。在西方国家，保险是一种非常流行的社会保障，除了政府给人民的保障外，民众还会自行购买商业保险作为补充，从而使自身得到更为充分的保障。对于孩子来说，这当然也很重要。要想培养孩子的理财意识，就要让孩子知道保险是什么，并且能够以购买保险的方式帮助自己分散风险。

俗话说"兵马未动，粮草先行"。在战场上，为了保障后勤的补给，在战士们出发去战场之前，就会先行运送粮草。这样大部队不管走到哪里都有饭可吃，有帐篷可睡，军心才能稳固，也才有更大的可能在战争中取得胜利。其实，人生又何尝不是一场战争呢？人生中总是面临各种各样的抉择，既有可能获得利益，也有可能面临各种风险，那么就要学会运用保险。如果说投资理财是冲锋陷阵，会承受巨大的风险，那么保险就是粮草补给。如果购买了保险，那么即使出现了投资失误，也不会承受那么大的损失，从而就分担了风险，这样一来就会获得更大的胜算。

当然对于孩子来说，保险的概念是很难理解的，尤其是年幼的孩子，他们并没有任何的理财知识，所以和他们盲目地说起保险，只会让他们丈二和尚摸不着头脑。实际上，对于整个社会生活而言，家庭是最小的社会单位，作为家庭和成员的基本保障，保险一定是必不可少的。保险的作用就是在个人或者家庭遇到各种各样的危机时，能够提供一笔金钱作为物质保障，这样至少使人在承受巨大危险的时候不至于为了金钱而操心焦虑。尤其是现代社会，很多事情的变化都是瞬息之间发生的，而且会有各种各样的突发情况。每个人就更需要为自己合理配置保险。出于这样的心理，很多父母都会给孩子购买保险，在为孩子购买保险的时候，正好可以与孩子说一说关于保险的知识，为孩子形成保险意识做好准备。这是非常好的亲子教育方式，也会起到极佳的教育效果。

对于普通家庭而言，最常购买的就是大病保险和意外保险。意外保险的保费一般比较低，保额相对比较高，这是因为意外发生的概率是比较小的。大病保险一般保费比较高，这是因为在生活中很多人都会生大病，所以使得大病的理赔率越来越高。那么，大病保险是否应该购买呢？有一些父母会因为大病保险的保费很高而放弃购买，也有一些父母会觉得家里经济比较紧张，不愿意花费这么多钱去买未必用得上的保险。实际上这样的想法是非常错误的，一旦真正发生大病，整个家庭的经济就会在瞬间坍塌，病人就医诊疗的机会受到限制，生命安全也得不到保障。只有在购买保险的情况下，才能够得到金钱的支持，这样最少可以保障看病。保险的本质是以小博大，通过花费很少的保费得到很大的保障，这对于家庭风险的承担极有好处。

几年前，电影《我不是药神》热播，很多人在看这部电影的时候都数次流泪。一位妈妈在看完这部电影之后做出了一个重大决定，她对爸爸和乐乐说："我们全家都需要购买大病保险！"全家一共三口人，为每个人都购买大病保险，一年需要花费好几万元，这还是在购买纯消费保险的情况下。如果购买那些返还型的保险，那么全家一家三口的保险就要花费七八万元。显而易见，这对原本已经承担了月供、车供的家庭来说是非常大的一笔开支。对此，乐乐表示不理解，问妈妈："妈妈，我们为什么要买大病保险？这么贵！"妈妈对乐乐说："我们之所以要买大病保险，是因为看病比买大病保险更贵。"乐乐很不理解，继续问道："但是我们家没有人生病，而且我们家现在并没有那么多钱呀！"妈妈说："正因为我们没有那么多钱，所以才更要买保险。你想啊，如果家里一旦有人生病，那么动辄就要几十万的治疗费。现在我们全家多辛苦一点，每年挤出两三万元钱给全家人都买保障，这样不管是谁万一有了状况，至少不用为钱四处奔波。就像你们学校里每年都会为你们购买意外伤害险，这并不是说你们一定会发生意外伤害，而是因为你们在一起打打闹闹很有可能发生意外伤害。所以，虽然保险理赔的钱并不能够避免伤害，但是至少在伤害发生之后，让人们不用为了金钱而焦头烂额。"

如今，大多数学校都会要求孩子购买意外伤害险，而在大多数家庭中，父母也会为孩子和自己购买大病保险，还会为自己购买意外伤害险。这些保险对于保障孩子的人身安全，保障整个家庭的正常运转，都是非常有好处的。

只有让孩子知道保险是什么，孩子才能够在这个危机四伏的社会中给自己更多的保障。在孩子小时候，父母要为孩子提供保障，要引导孩子形成保障的意识，等到孩子渐渐长大了，他们就会因此而受益。他们在考虑很多问题的时候会更加全面，也会借助于保险这种方式来分担各种风险，显然这对于孩子人生的整体规划都是很重要的。

还需要告诉孩子的是，保险的理赔有着严格苛刻的制度，并不是说买了保险之后就一定能够获得赔偿，避免孩子对保险产生误解。现实生活中，有一些人为了获得保险的巨额理赔，会采取各种各样的方式来骗取保险。这样的行为是非常恶劣的。保险的作用是以小博大，集合大家的力量来给那些出险的人解决问题，所以我们虽然买了保险，却不要期望着能够让保险发挥作用，最好的情况是我们虽然购买了保险，但是我们平安快乐，让保险没有机会与我们打交道。这样一来，我们所缴纳的保险费就帮助了那些需要的人，何乐而不为呢？

此外，保险的条款是非常详细的，父母在教给孩子保险知识的时候，也可以带着孩子看一看这些保险的条款，让孩子知道保险是非常科学严谨的一种风险保障措施，这样孩子才能够正确对待保险。

妈妈对孩子的财商教育越早越好

虽然有一些父母已经认识到了财商对于孩子成长的重要性，但是他们觉得孩子还小，不必急于培养孩子的财商。实际上，财商的培养要越早越好，如果等到孩子长大了，却不认识钱，也不知道如何消费，这个时候再来告诉孩子要合理地运用金钱，显然为时晚矣。

现代社会中，很多大学生在大学毕业之后就处于失业的状态，他们想找好工作却不能如愿以偿，对于普通的工作又不屑一顾，这使得他们从毕业就进入失业的状态，宅在家里靠着父母的薪水过日子。有些父母已经年迈，还要用退休金来养活孩子。这样的孩子啃老啃得理所当然，让父母感到心力交瘁，家庭生活也因此而变得一团糟。啃老族的出现，是一种很广泛的社会现象，对于广大的父母来说，这是一种深深的悲哀。为什么孩子们会啃老呢？实际上，这与父母对孩子照顾得无微不至，无限度地满足孩子的欲望都是有关系的。最重要的是，如果孩子从小就知道赚钱是很不易的，也知道钱对于生活的意义和价值，那么他们就不会对父母赚来的钱这样不知道心疼，轻易花光父母的血汗钱。他们在有了能力之后，也会很积极地去赚钱养活自己，由此一来，啃老的现象自然也就不复存在了。

太多的父母都觉得孩子还小，不能够理解钱的意义，也没有必要经常对孩子谈起钱，也有一些父母觉得金钱是污浊之物，他们不希望孩子从很小的时候就沾染上铜臭味儿，所以他们不会在孩子面前提起钱财问题。这样的回避态度只会拖延孩子财商的培养，对孩子的成长毫无益处。随着生活水平的不断提高，在社会现实生活中，越来越多的孩子会接触金钱，也会需要花费金钱。所以父母一定要把孩子的财商教育提升到重要的地位，从而全力以赴地培养孩子的财商。

富勒小时候生活在贫穷的家庭里，他有七个兄弟姐妹，父母为了养活七个孩子，每天都非常辛苦地工作，但是生活却依然很艰难。作为家里的男子汉，富勒从很小的时候就开始工作，到了九岁的时候，他就开始做一些小买卖，赚取微薄的零花钱，给妈妈贴补家用。

虽然家里很贫穷，但是妈妈却从不抱怨，而且妈妈还有很强的理财意识，有一次，妈妈语重心长地对富勒说："我们这么穷，是因为你爸爸甘于贫穷，是因为我们家里从没有人想要摆脱贫穷。"妈妈的话让小小年纪的富勒陷入了深思，他不理解妈妈的话是什么意思，又询问妈妈，妈妈把这话详细地解释给富勒听，并且希望富勒能够成为家里第一个有远大抱负，并且改变贫穷状况的人。富勒从此立下了一个伟大的志向，他一定要赚取更多的钱，改变家里贫穷的状况。

富勒小小年纪就辍学，开始做生意，做了各种各样的工作，吃尽了苦头，但是从来没有放弃发财致富的愿望。十几年过去了，富勒成为了一家拍卖公司的老板，后来他的事业发展得越来越好，又收购了很多家公司。他的事业如日中天，越来越多的人知道了他的名字，有人问富勒为什么能够获得成功，富勒告诉他们："人一定要有远大的志向，要立志摆脱贫困，这样才能够真正地摆脱贫困！"

如果妈妈没有对富勒说出这样的一番话，如果妈妈没有告诉富勒家里之所以这么贫穷，是因为爸爸甘于贫穷，让富勒意识到改变贫穷的愿望是多么重要，那么富勒的人生也许就会变得很不同。很多穷人之所以一直贫穷，不是因为他们运气不好，也不是因为他们没有得到很好的条件，而是因为他们始终甘于贫穷。在这个故事中，正是妈妈对富勒说的一番话，让富勒改变了对于生活的理解，他不再觉得贫穷就是他们家应该有的状态，而是认识到只要他辛苦努力，坚持不懈，就能够变得富裕。

在世界范围内，越来越多的儿童教育专家重视孩子的财商培养，就是希望能够通过对孩子进行财商教育，让其形成理财的观念。这样孩子才能在漫长的人生中抓住各种时机，为创造财富打下良好的基础。在西方国家，父母们会坦荡地和孩子谈起金钱的问题，让孩子更加了解金钱，积极主动地认识金钱，从而使孩子对于金钱的理解更加深刻。

总而言之，培养孩子的财商宁早毋迟。越早培养孩子的财商，孩子就越是会具有很强的理财能力，也会对金钱有深刻正确的认知。通常情况下，在孩子12岁以前，父母就要做好准备，培养孩子的财商，这是因为在

12岁之前孩子就会养成很多的消费习惯。孩子在年幼的时期正处于性格形成的重要阶段,父母如果能够抓住这个阶段对孩子进行财商教育,将会使孩子受益一生。

第二章
钱是什么，尽早在孩子的头脑中植入正确的金钱观

现实生活中，虽然钱不是万能的，但是没有钱却是万万不能的，尤其是在城市中生活，既没有田地，也没有荒山和大海，可以去索取无偿的物质，很多人都有一个深刻的感慨，即没有钱寸步难行。在这样的情况下，父母应该从小就培养孩子的财商，帮助孩子建立正确的金钱观，使孩子在成长过程中对金钱有更深刻的认识，也能够把金钱运用得更加恰到好处，这将会让孩子一生之中都受益匪浅。

告诉孩子金钱的来源

细心的父母会发现，孩子在认识钱也见识到钱的妙用之后，对于钱的需求会空前大起来，而且会对钱特别感兴趣。他们从看到钱丝毫不心动，到一看到钱就想占为己有，这个过程中产生的心理变化是巨大的。有些孩子会突然之间爆发出强烈的购买需求。在这样的情况下，父母切勿让孩子养成大手大脚、胡乱花钱的习惯，而是要告诉孩子钱是从哪里来的。

当孩子习惯了需要买东西的时候就跟父母要钱或者是没钱的时候就让父母再给他们钱，渐渐地他们对于钱就会产生误解，会认为钱财得来很容易，所以就不珍惜金钱。而实际上，父母心知肚明每一分钱都是自己靠着辛苦劳动赚来的，有些父母从事的工作特别劳累，更是要为了赚钱流干汗水，看到孩子胡乱挥霍钱财时，父母通常会感到非常心疼。在这样的情况下，为了让孩子学会节俭花钱，父母首先要让孩子知道钱的来处。

有一些孩子看到父母没有钱了就去银行取，或者是看到父母用手机里的钱消费，他们就会认为钱是天然存在的。尤其是那些年幼的孩子，他们对于工作还没有概念，所以对于钱的来处也只有非常模糊甚至是错误的认知。有的时候他们会说钱是从银行取来的，钱是在抽屉里的，钱是爸爸妈妈带回家的，但是对于钱真正的来处，他们却不明所以。因此父母一定要让孩子知道钱是如何赚来的，这样至少孩子在花钱的时候能够合理地控制自己，做到适度消费。

周末，妈妈带着天天去超市采购。自从知道了钱的妙用之后，天天的购物热情空前高涨，每个周末妈妈去超市采购，天天都要跟着去。到了超市里之后，天天看什么东西都想要，看什么东西都要买，这样一来妈妈总是开销超支，为此经常抱怨。

有一天，妈妈带着天天去超市买过年的食物，天天看到超市的玩具促销区里有一个双层轨道车，当即缠着妈妈给他买。妈妈看到轨道车的价格居然要300多元，觉得非常贵，对天天说："天天，轨道车太贵了，妈妈都没有钱了！"天天纳闷地说："没有钱，你就去卡里取呀！拿着卡去银行取，不就有钱了吗？"妈妈忍不住笑起来说："那么，卡里的钱是从哪里来的呢？"天天被妈妈问住了，瞪着大眼睛想来又想去，却不知道如何回答。妈妈对天天说："天天，钱可不是自己出现在银行里的，是爸爸妈妈辛苦工作赚来的，存在银行里，让银行帮我们保管着，以免被小偷偷走。然后等需要花钱的时候，爸爸妈妈就会拿着银行卡去银行里，银行里的人才会把钱再取出来给我们。如果银行卡里没有钱，是根本取不出来钱的。"天天恍然大悟："哦，我还以为银行卡里有用不完的钱呢！"妈妈对天天说："天天，你看爸爸妈妈非常辛苦，每天都要工作，才赚了这么点钱，不过这些钱都是要买好吃的食物给你补充营养的，也是要为你买一些生活必需品，例如衣服鞋袜等。如果我们总是买这么贵的玩具，那么，可以用来买食物和衣服鞋袜的钱就会越来越少。我们家里已经有一个玩具车了，你可以等到过生日的时候再要一个喜欢的玩具吗？"天天点点头，说："好吧，妈妈。"

很多孩子都和天天一样，觉得钱一定是从银行里取出来的，就是因为他们经常和爸爸妈妈一起去银行里取钱。他们还小，不知道钱是如何赚来的，当看到爸爸妈妈把银行卡插入取款机的时候，就看到取款机里吐出来很多钱，那么他们天真的心灵就会产生误解，觉得钱只要去取就有的。那么，当孩子产生了消费需求，也想要买很多东西的时候，为了让孩子控制消费冲动，合理消费，父母就要告诉孩子金钱来之不易，尤其是要让孩子体会到父母赚钱的辛苦，这样孩子才能够节制消费。

具体来说，如何才能够让孩子知道钱是从哪儿来的，同时知道父母工作的辛苦呢？首先，父母可以带着孩子去参观自己工作的环境，也可以让孩子陪着自己工作一天。很多孩子都不知道父母工作时具体要做什么，对于父母的辛苦丝毫都不理解。而当他们陪伴父母进行一天辛苦的工作之后，他们就会知道父母很劳累，就会对父母的劳累感同身受。

其次，在家庭生活中，父母可以让孩子体会一下赚钱的辛苦，例如把一些家务活承包给孩子干，让孩子负责刷碗拖地等，并且给每个家务活制定一个价格。这样孩子只要完成相应的家务活就可以领取一定的酬劳，虽然这些活儿非常简单，也是家庭生活中每天都会有的，但是对孩子来说，做这些工作却很新鲜。很多孩子都是第一次干家务活，当他们非常努力地把这些工作做完，不管他们干得好不好，父母都要鼓励他们，也要让他们想一想，赚取这么一点点钱是否容易。只有这样引导孩子，孩子才能切身感受到赚钱的辛苦。而对于自己辛苦赚来的钱，他们一定不会大手大脚地乱花。

最后，很多父母都不愿意把家庭的财务状况告诉孩子，总在孩子面前营造出家里很富裕或者是很贫穷的假象。实际上，过于夸张家里的经济情况，对于孩子而言并不好。因为如果把家里说得太过富裕，孩子就会不珍惜钱；如果把家里说得特别贫穷，那么孩子就会产生自卑的心理。因此，父母可以把家里的财务状况向孩子公开，让孩子知道家里每个月的开销和收入情况，让孩子了解父母是如何操持这个家的，甚至可以让孩子参与家庭中很多大项开支的决策。这样一来可以培养孩子的主人翁意识，让孩子把父母的钱当成自己的钱去对待，珍惜家庭中的每一分钱。二来也可以让孩子了解家庭的财务状况，从而让孩子体谅父母的辛苦，不会提出超出家庭经济承受能力的过分要求。

有些父母虽然家里经济状况并不好，却养育出了一个花钱大手大脚、肆意挥霍的孩子，这是为什么呢？是因为父母生怕苦着孩子，所以把家里所有的钱都给孩子花，渐渐地让孩子养成了奢侈的坏习惯。对于孩子的成长而言，这是非常糟糕的。实际上，如果让孩子更多地了解家庭经济状况，孩子反而能够做到更早懂事，从而实现"穷人的孩子早当家"。

除此之外，为了让孩子知道钱的来路和去处，父母还可以减少手机支付、银行卡支付等支付方式的使用，而更多地以现金的方式进行消费。这会使孩子清楚地看到父母付出了多少钱，买到了多少东西，又得到了多少找零，从而让孩子对于金钱消费有更为直观的感受。等到孩子再大一些，对于电子数字消费有了一定的概念，父母还可以让孩子认识银行卡、支付宝、微信等各种支付工具，这样一来，孩子就会对金钱有更深刻的认知。

　　总而言之，千万不要让孩子以为钱是从银行卡里取出来的。如果孩子觉得取钱很容易，他们就不会珍惜钱。虽然孩子还没有独立赚钱的能力，也不能够独立地花钱，但是父母不要忽略对孩子金钱意识的培养。

钱不是万能的，没有钱却万万不能

一直以来，社会生活中都流行着一句话，钱不是万能的，没有钱却是万万不能的。很多人视金钱为粪土，而在现实生活中，如果没有钱就寸步难行，想买的东西买不到，想做的事情实现不了，这当然会让人感到非常压抑和郁闷。所以我们要正确地对待金钱，认识到钱是现代生活的必需品。我们固然不能够为钱做出一些出格的事情，却也要把钱看得相对重要，这样才能够合理使用金钱。

对于孩子而言，他们对钱的理解还很肤浅，他们既不知道赚钱是一件非常辛苦的事情，也不知道花钱要节俭，更不知道钱是会用光的。他们只知道用钱可以买到他们喜欢吃的食物，买到他们想要的玩具，买到各种各样漂亮的衣服。渐渐地，他们对于钱就越来越依赖，当钱财让他们获得了想要的一切，他们就会产生很大的优越感。甚至有些孩子会形成误解，觉得只要有钱就能做到任何事情，只要有钱就能够买到世界上全部的东西，只要有钱就能够解决一切的难题。这样的想法当然是错误的。父母在发现孩子有这样的想法时，一定要及时纠正孩子，让孩子对金钱有正确的认知。

浩然的家庭经济条件比较好，在班级的所有同学中，浩然的零花钱是最多的。有的时候到了周末出去上课，浩然也会带着很多钱。浩然认为，既然这些钱都是给他零花的，那么他并不用特别节省。

周六，浩然去书法班上课。中午吃完饭，浩然悄悄地下楼给几位老师和几个同学每人买了一杯星巴克，这花了他两百多元呢。老师看到浩然拎着星巴克上楼来，责怪浩然说："浩然，你怎么买这么贵的咖啡呢？这得花多少钱？你这么花钱大手大脚，你妈不说你吗？以后千万不要这样了，老师们都不会喝咖啡的！"听到老师的话，浩然不以为然地说："老师，没关系，我每次来上课，妈妈都给我200零花钱，我中午吃饭才花二三十元，剩下的钱不花留着干吗呢？"老师对于浩然对金钱的态度很不赞同，他对浩然说："浩然，家里的每一分钱都是父母辛苦赚来的，爸爸妈妈每天都给你200元出来上课，这是因为他们怕你在外面吃不好。你如果能够把钱节省下来，他们肯定会更高兴。"浩然笑起来说："哎呀，他们既然给我了，就是想让我花完。我给大家买咖啡喝，跟大家都成为好朋友，这不也是他们所希望的吗？"

听了浩然的回答，老师无奈地摇摇头说："浩然，钱可不是万能的。你想交朋友，老师能理解你的心情，那你可以和同学们在一起玩儿。你们可以说一说喜欢看的书或者喜欢玩的游戏，这样也可以成为朋友，不一定非要去花钱给他们买礼物。"在老师的引导下，浩然和同学们相处得越来越好，后来老师也叮嘱浩然妈妈，让她不要给浩然那么多零花钱。渐渐地，浩然再也不觉得钱是万能的了。

很多父母生怕孩子在外面吃不好，喝不好，所以就会给孩子很多零花钱，殊不知孩子还小，他们对于金钱没有概念，也很容易受到物质的诱惑，所以就会养成大手大脚花钱的习惯。有些孩子甚至觉得钱能够实现一切，能够买到友谊，也能够解决各种难题，这当然是错误的观念。在现实生活中，很多东西都是无价之宝，都是金钱买不来的。例如，钱可以买来睡床，却买不来睡眠；钱可以买来房子，却买不来家；钱可以买来陪伴，却买不来亲情友情和爱情；钱可以买来药品，却买不来健康。父母应该告诉孩子钱不能做到哪一些事情，也告诉孩子有了钱可以实现哪些心愿，从而让孩子对于金钱有正确的认知，也对金钱有恰当的运用。

当然，也没有必要在孩子面前把钱说得一无是处。虽然钱不是万能的，但是钱的确可以做很多的事情，例如，我们想要帮助别人，就需要金钱去支撑，我们想要实现一个愿望，也需要金钱去创造很多条件。所以只有适度地运用金钱，才能让金钱在生活中发挥最大的作用，这样金钱的价值才能凸显出来。

教会孩子让金钱为自己所用

现实生活中，有几个人不是金钱的奴隶呢？当被问到这个问题的时候，大多数人都会回答得非常迟疑，因为他们从未想过这个问题，也不知道应该如何回答这个问题。但是当他们停下忙碌的工作，静下心来思考这个问题的时候，他们却会惊愕地发现，自己在不知不觉间早就成为了金钱的奴隶。不得不说，这是一件非常悲哀的事情，因为人原本是要运用金钱做想做的事情，去享受生活的，而不是被金钱奴役着，始终没有自己的时间，为了赚钱耗光了所有的精力，这当然不是我们生活的目的，更不是生活良好的状态。

父母要教会孩子驾驭金钱，让孩子知道金钱虽然有很多的作用，但是也会在很多事情上表现出无奈的一面，所以不要认为金钱是万能的。只有让金钱为我们的生活所用，让金钱在我们的生活中发挥巨大的作用，我们才能够与金钱达成和解，也才能够与金钱建立一种更理性的关系。

现实生活中有些人非常贫穷，但是他们很快乐，虽然他们过着最简单的生活，吃着最朴素的饭菜，穿着最粗糙的衣服，但是他们能够感受到生活的乐趣，并对此感到满足，而有些人呢，他们虽然有很高的权势，也拥有大量的财富，但是他们一直在为了赚取更多的钱而辛苦努力，他们还非常吝啬，舍不得消费，不得不说他们已经成为了金钱的奴隶。这样的人即使赚取再多的钱，也不会因此感到快乐和满足。

美国富豪富勒一直在为赚取更多的钱而努力。富勒是白手起家的，他的家境非常普通，他并没有从家里获取金钱，而是完全凭着自己坚持不懈的努力，才成为了一个富有的中产阶级。他的目标是成为富豪，为了实现这个目标，他夜以继日地工作，非常努力，甚至没有时间休息，即使是在周末的时候，他也不能陪伴妻子和孩子，而是必须留在办公室里处理各种各样琐碎的事情。渐渐地，妻子对他的怨言越来越大，孩子也与他日渐疏远。最终，妻子对他提出了离婚的请求。就在当天，他在办公室里突然心脏病发作。那一刻，他有了濒死的感觉，觉得自己即将离开这个美好的人世，他心中最留恋的就是妻子和孩子。经过医生的抢救，富勒终于死里逃生，活了过来，这一次的经历让他知道了生命的可贵，他真诚地向妻子道歉，表示自己将会放下那永远也做不完的工作，用更多的时间陪伴妻子，照顾孩子。

医生说富勒的身体状况非常糟糕，并且建议富勒改变生活的方式，不要再承受那么大的赚钱的压力，也不要让自己活着的唯一目的变成赚钱。富勒和妻子做出了一个非常令人震惊的决定，那就是卖掉他们的公司，同时变卖大部分的财产，并把这些钱用于慈善事业。他们带着孩子一起帮助那些需要帮助的人，他们让那些人在每天辛苦的劳作之后，至少有一个安稳的地方能够踏踏实实地休息。他们还为自己的事业起了一个名字，叫作"人类家园"。在妻子和富勒的带动下，孩子们也致力于为这项伟大的事业而付出。富勒的状态越来越好，他不再受到金钱的奴役，而是把金钱用到有意义的地方，他成为了金钱的主人，他驾驭着金钱，为创造这个美好的世界贡献自己的力量。

越是有钱的富豪，越是把钱看得非常重要。自古以来，很多富豪都是不折不扣的吝啬鬼，他们虽然有很多钱，却不想花费任何钱，即使是为了自己享受，他们也很吝啬。他们把钱看得非常重要，在这样的情况下，他们怎么能够不被金钱奴役呢？

要想成为金钱的主人，就要了解金钱与生活的关系，那就是金钱是为创造美好的生活而服务的。我们生活的目的可不仅是赚钱。钱只是生活中一种必不可少的流通物质，实际上，生活中除了钱之外，还有很多值得我们珍惜的，例如爱情、友情、亲情，例如陪伴孩子的美好时光，例如和爱人耳鬓厮磨的温情时刻，这些才是我们生命中真正值得珍惜的。

父母要想教会孩子驾驭金钱，就不要总是当着孩子的面把钱说得那么重要，也不要刻意地为了金钱做出一些超越原则和底线的事情。一个人必须端正对金钱的态度，这样才能够让自己成为金钱的主人，才能够驾驭金钱为自己服务。一个人如果对金钱看得过重，那么就会在无形中被金钱奴役。金钱虽然很重要，但是世界上还有很多比金钱更重要的东西，父母一定要教会孩子这一点。

妈妈可以偶尔让孩子付钱

在刚刚认识金钱并且知道金钱的重要作用之后，原本对于金钱丝毫不看重的孩子们，对于金钱的态度转瞬之间就会有很大的变化。很多父母都发现，孩子似乎一夜之间变成了一个守财奴，就像一个小小的葛朗台一样，把自己的每一分钱都看得特别重要。他们向父母要回了自己所有的压岁钱，坚持要自己保管，而且经常会把钱拿出来数一数，他们还会在需要花钱的时候就像割肉一般舍不得。看到他们对金钱看得这么重，父母往往会觉得非常好笑。其实，这是孩子在初步认识金钱以及认识到金钱的重要作用之后的自然反应，当孩子出现这样的反应时，父母要借此机会来教会孩子合理消费金钱。

作为现实世界中换取物质生活的必要媒介，金钱的价值和意义就体现在它的流通上，如果金钱只是作为一种财富被保存起来，而且不允许被消费，那么金钱就没有任何价值和意义。父母要告诉孩子这个观点，也要让孩子知道，虽然我们需要节约用钱，但是不要坚决不花钱，毕竟生活中需要用钱的地方很多。钱除了要用来买一些必需品外,还可以用来进行人际交往等活动,这些都离不开钱的支持和帮助。那么,如何让孩子学会消费金钱,让孩子能够大方地把该花的钱花出去呢?

二年级的时候,因为爸爸妈妈调动工作,乐乐从北京转到南京来读书。乐乐转学大费周折,爸爸妈妈托了好几个熟人花了很多钱,才把乐乐从北京转到南京,其中有一个帮忙的熟人是老家的亲戚。爸爸妈妈给其他帮忙的人都送了礼物,但是对于这个亲戚,他们很想请他一起吃一顿饭。乐乐要叫这个亲戚为姑父。听说爸爸妈妈要请姑父吃饭,乐乐高兴极了,因为他最喜欢去饭店吃饭。这个时候,妈妈建议乐乐:"既然这一次是为了你转学的事情请姑父吃饭,妈妈希望由你来买单,你觉得怎么样?"

听了妈妈的话,乐乐的脸色马上变得很尴尬。他沉吟了半天才说:"为什么要我买单呢?"妈妈语重心长地对乐乐说:"爸爸妈妈为了给你转学已经花了很多钱,所以这次你来买单,既是感谢姑父为你帮忙转学,也是感谢爸爸妈妈为你所做的一切,好不好?"听到妈妈说出了这么充足的理由,乐乐当然不好拒绝,他勉为其难地点点头。妈妈又对乐乐说:"可能你会很心疼花钱,但是有些钱是必须花的,所以你应该很高兴买单,能够表达你的感恩之心。妈妈希望你好好地想一想,明白其中的道理。"

在妈妈的引导之下,乐乐意识到自己的确应该请姑父和爸爸妈妈吃饭,所以他很开心地选择了一家比较高档的饭店,拿出了500元压岁钱,问妈妈说:"妈妈,500元够吃饭了吧?"妈妈点点头说:"我会控制好点菜的品种和数量,这样一来就可以大概控制在500元。如果略微超支,妈妈会把它补上，好不好？"乐乐高兴地点点头。这次吃饭，虽然姑父也抢着买单，但是妈妈坚持让乐乐买单，并且让乐乐自己拿着钱去结算。经过了这次的请客买单，乐乐对妈妈说："妈妈，我一定要好好学习。为了转学，你和爸爸花了那么多钱，我也花了钱。我要是不好好学习，可对不起你们和我自己！"

妈妈当然不是因为没有钱请客吃饭所以才让乐乐买单，而是希望乐乐能够通过买单的方式知道转学需要付出的辛苦和大量的财力，这样一来乐乐就可以深切体会到爸爸妈妈对他的爱和付出，同时能够对爸爸妈妈充满感恩，并且采取实际行动努力学习。

当然，回报爸爸妈妈的方式还有很多。例如给爸爸妈妈画一幅画，或者是拥抱和亲吻爸爸妈妈。既然爸爸妈妈为了养育孩子长期付出，也甘愿为了孩子做出很多努力，那么孩子也应该以同样的方式回报爸爸妈妈。虽然孩子的钱有限，不可能像爸爸妈妈为孩子买东西那样为爸爸妈妈买很多东西，但是偶尔让孩子买一次单，给孩子以现实的消费经验和回报感受，这对于孩子来说是最好的教育之一。

除了让孩子买单外，在遇到节日的时候，还可以让孩子为家人准备一些小礼物，这些礼物不一定要花很多的钱，但是却能够营造一定的仪式感，让孩子知道生活中很多时刻是需要好好纪念的，也要让孩子知道，感恩之心要表达出来，才能够有更好的效果。在这样的过程中，孩子会渐渐地理解金钱与感情之间的关系。

告诉孩子钱要花在刀刃上

现代社会物质极为丰富，孩子们很容易受到物质的诱惑。在小的时候，他们主要在家庭中或者在幼儿园里生活，身边都是一些小朋友，他们对金钱的需求还是很小的，除了想要买一些好吃的零食或者是小玩具之外，并没有花钱的大项开支。但是随着不断长大，孩子进入小学阶段，他们的心态也在不断变化。随着身边的同学越来越多，他们渐渐地产生了攀比心理，当同学之间流行玩一些玩具或者买一些东西的时候，他们也会跟风。在这种情况下，他们就产生了更大的花钱需求。

很多父母会严格限制孩子花钱，总觉得孩子有吃有喝，根本不需要花钱。实际上，即使是生活优渥的孩子，从来不为吃喝发愁，他们依然有自己的消费需求。父母要理性对待孩子的消费需求，让孩子区分清楚哪些钱是该花的，哪些钱是不该花的。这样孩子才能够在向父母提出请求被拒绝之后，理解父母的心思，从而减少亲子矛盾。

那么，哪些钱才是该花的呢？对此，父母和孩子有不同的意见。例如

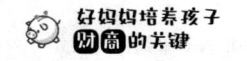

孩子想买一个玩具，但父母觉得这个钱是不该花的，因为家里已经有类似的玩具了，而孩子却觉得这个钱是该花的，因为他真的很想要这个玩具。人是主观动物，不管是父母还是孩子，都会从自己主观的角度出发思考问题，为了避免彼此之间产生分歧，那么就要制定一个标准，这样才能减少争执。

此外，当孩子坚持要花一些父母认为不该花的钱时，父母也可以为他们制定规矩。例如，对于父母认为孩子应该买的文具、衣服、食物等，这些是由父母来负责买单的。那么，如果孩子想要一些"奢侈品"而不是生活必需的用品，如一个已经买过类似款的新玩具，或者是与同学所拥有的东西类似的东西，父母就可以让孩子自己花钱。这会让孩子更加慎重地做出取舍，他们也会在进行选择的过程中衡量是否有必要花钱。

小学五年级刚开学没多久，乐乐回到家里就和妈妈要一个智能手机。妈妈感到很惊讶，说："你为什么需要一个智能手机呢？你每天去学校上学，根本就没有机会用手机呀，放学不就回家了吗？在家里，你可以用爸爸妈妈的手机。"乐乐对妈妈说："但是我班级里好几个同学都有智能手机。"妈妈说："同学们都有智能手机，不代表你也一定要有呀，有些同学是因为爸爸妈妈在上班，他们回到家里需要用手机跟爸爸妈妈联系。"乐乐很郁闷地说："但是同学们之间都互相加了微信，只有我没有微信，这让我觉得我被他们排除在外了。"妈妈忍不住笑起来说："这怎么可能呢？你们每天上学都面对面，有什么问题都可以当面沟通，这不比在微信上沟通要好得多吗？"

总之，妈妈就是不想给乐乐买手机，她认为这是乐乐不该花的钱，还担心乐乐有了智能手机后影响学习。乐乐呢，则坚持要买一个智能手机。妈妈看到乐乐坚持己见，只好对乐乐说："那咱们就按规矩办吧！"原来，妈妈和乐乐约定：对于生活和学习的必需品由爸爸妈妈买单，如果要买那些不是必需的东西，则要由乐乐自己买单。听了妈妈的话，乐乐闷闷不乐地回到卧室里，数了数自己储钱罐里的钱。他数了很长时间，最终发现自己的储钱罐里只有一千多块钱，这些钱只能买一个普通的智能手机。最重要的是，买了智能手机之后，每个月还要有电话费要支出呢！乐乐对此感到非常郁闷，他有些犹豫了。这些钱，可是他攒了一年的零花钱才攒到的，虽然他有压岁钱，但是妈妈都已经帮他存在银行里了，那些钱可是要留着派上大用场的。思来想去，乐乐对妈妈说："我还是不买手机了吧，可能买了也没有那么大用处！我好不容易才攒了这些零花钱，我觉得还是细水长流吧！"妈妈高兴得连连点头，对乐乐说："乐乐，你真的长大了！"

如果孩子没有金钱意识，那么，他们就会毫不犹豫地把自己所有的零花钱都拿去买一个和同学一样的智能手机。幸好妈妈和乐乐已经订下了规矩，让乐乐知道他的零花钱是攒了很长时间才攒到的，如果一下子都花完了，再想攒出这么多钱可就很难了。在大笔的开支与拥有一部智能手机之间，乐乐进行了权衡，最终选择不买智能手机，留下零花钱。

对于该花的钱、不该花的钱，父母和孩子的标准是不同的。有些钱父母觉得不该花，孩子却认为是该花的，有些钱父母觉得该花，孩子却又舍不得花。那么在这样的情况下，就应该形成一个共识，即约定哪些东西是该买的，哪些东西是不该买的，这样父母与孩子在遇到分歧的时候就可以按章办事。

　　有一点毋庸置疑，那就是随着孩子越来越大，他们一定会有更大的消费需求，所以父母不要过于压抑孩子的消费需求，对于孩子认为一定该花的钱，只要孩子的消费是合理的，父母即使持有不同的意见，那么也应该支持孩子花销。虽然孩子会因为考虑不周而买回来一些利用率不那么高的东西，但是如果孩子没有这样的亲身经历，他们又怎么知道消费之前要仔细考虑各种东西的性价比呢？这对于孩子来说何尝不是一种成长和进步呢？

妈妈应从小教会孩子什么是钱以及怎样花钱

很多父母都不愿意和孩子谈钱,因为他们觉得谈钱很俗气,或者觉得让孩子很早就认识钱并不是一件好事情,仿佛只要他们不对孩子提起钱,孩子就不会受到金钱的"污染"。实际上,这样的观念是错误的。在现实的社会中生活,每个人都需要与钱打交道,孩子早晚会接触金钱。在这样的情况下,父母与其逃避和孩子谈钱,还不如主动教会孩子认识钱,同时培养孩子正确的金钱观,让孩子学会合理地运用金钱,这样才是更加正确的教育方式。

父母培养孩子的财商是一个非常浩大的工程,需要花费很长的时间,也需要渗透在生活点点滴滴的细节中。培养财商的第一步就是教孩子认识钱是什么。新生命从呱呱坠地开始,在父母无微不至的照顾下成长,他们很少有机会接触金钱,这是因为父母已经为他们准备好了一切,他们吃喝不愁,衣食无忧,还需要钱做什么呢?然而,随着不断成长,孩子渐渐产生了购物的需求,例如几岁的孩子就想买好玩的玩具,想穿漂亮的衣服,他们在和父母请求得到一些礼物却不能够满足的情况下，就开始朦胧地意识到钱的重要作用，这是父母教孩子认识钱的最佳时机。

试问，如果孩子根本不认识钱，又如何能够建立金钱观呢？所以父母要抓住这样的好时机，积极主动地向孩子灌输关于金钱的知识和观念，尤其是要让孩子认识金钱。这对于孩子形成财商是非常重要的。在认识钱之后，接下来的第二步就是要教会孩子花钱，花钱听起来很容易，拿着钱去买各种想要的东西就是花钱，但是会花钱却并不容易做到。会花钱，就是把钱花到该花的地方，让钱花得有价值、有意义，这对于孩子来说可是一个巨大的挑战。别说是孩子了，很多父母自己花钱都花不明白，要想培养孩子的财商，父母首先要提升自己的消费观念，增强自己的消费能力，这样才能够成为孩子最好的引导者。

小天已经六岁了，他活泼可爱，是个漂亮的小伙子，不管走到哪里，都能得到人们的喜爱。有的时候，爸爸妈妈的同事或者是亲戚朋友看到小天可爱，还会给小天买各种零食吃，也会送给小天一些礼物。渐渐地，家里的美食和玩具堆积如山，小天过着非常快乐的生活。

春节的时候，小天和妈妈去亲戚家里拜年。阿姨给了小天100元压岁钱，看着红彤彤的票子，小天感到很纳闷，问："阿姨，你为什么没有给我准备礼物呀？"阿姨笑着说："姨今年给你压岁钱，你可以自己买礼物，因为你已经长大了，你可以选自己喜欢的礼物，好不好？"小天丈二和尚摸不着头脑，不知道钱是干什么用的，疑惑地看着妈妈，妈妈笑着对阿姨说："这孩子还没花过钱呢，根本都不认识钱！"阿姨很惊讶："小天，你都已经六岁了，怎么能不认识钱呢？"听说压岁钱能买玩具，小天这才高高兴兴地拿着压岁钱去玩儿。这个时候，阿姨对妈妈说："老姐，不是我说你，孩子都六岁了，你怎么不教他认识钱呢？你看看现在那么多孩子都那么机灵，有哪个孩子不认识钱的呀？"妈妈不好意思地说："可能是因为家里什么都有，他也不需要买东西，所以就忽略了教他认识钱，他也没有对钱产生需求。的确，是时候教他认识钱了。"

回到家里，借着整理压岁钱的机会，妈妈拿出了各种面额的钱给小天看，并且让小天认识钱。小天已经六岁了，认识数字，所以很容易就认识了这些钱，也能够说出这些钱的金额。但是小天还不知道钱该怎么用，妈妈决定带着小天去商场和超市购物，这样一来，小天就会知道钱的妙用了。

现实生活中，很多孩子都不缺吃不缺喝，衣食无忧，所以他们并没有机会花钱。即便如此，父母也不能够忽略教会孩子认识钱，要抓住一切机会带着孩子去消费。钱对于每个人都是非常重要的，也可以说没有钱人就会寸步难行，父母不要逃避对孩子说钱，也不要为了让孩子不乱花钱，就刻意地不教孩子认识钱和花钱。很多问题并不会因为回避就消失，与其被动地面对，不如主动地面对，这样反而能够更加有效地解决问题。

其实，很小的孩子就会有消费的需求，这是因为父母虽然为他们提供了很多东西，但并不能够完全满足他们的需求，他们也会有喜欢的东西、想要的东西，父母就可以借此机会因势利导，让孩子认识钱，也教会孩子花钱。这对于培养孩子的财商是非常重要的。

让孩子看到什么是贫穷，什么是富有

　　对于贫穷，包括很多成人的理解都是非常肤浅的，他们觉得所谓贫穷就是没有钱，而实际上真正的贫穷并不只是没有钱这么简单，也包括在思想、思维上的局限。很多穷人之所以非常贫穷，是因为他们没有富人的思维。如果穷人有富人的野心，也能够以富人的思维方式去考虑问题，那么即使他们没有人生中的第一桶金，也一定会过得比现在更加富裕。

　　真正的贫穷并不是暂时没有钱，而是因为缺乏致富的思维，导致生活始终保持穷困的状态。对于穷人来说，他们对于发财的理解非常片面，很多穷人都会选择买彩票，因为他们觉得只要能中几百万，就算发了大财。而实际上几百万只是一个静态的财产，如果穷人得到了几百万挥霍无度，或者没有以财生财的意识，那么他们很快就会花光这些钱，甚至恢复到比此前更贫穷的状态。在社会上，很多穷人在中了彩票之后，日子只是在短时间之内过得非常穷奢极欲，但是在经过一段时间之后，他们的生活甚至不如中彩票之前，这到底是为什么呢？原因很简单，每一个热衷于买彩票的人都希望能够通过中彩票来改变自己的命运，但却偏偏事与愿违，这是因为他们的财商很低，即使中了大奖，也不能驾驭这么多金钱。换而言之，同样的钱在富人手里会成为下金蛋的鸡，而在穷人手里却只能被他们杀掉吃鸡肉、喝鸡汤，很快就彻底没有了。

父母有必要告诉孩子真正的贫穷是什么。真正的贫穷不是没有钱，也不是没有机会，而是没有致富的野心和思维。真正的贫穷是没有一颗聪明的大脑，是没有赚钱的能力。父母要想培养孩子的财商，就要让孩子拥有赚钱的意识，也要让孩子拥有更强的赚钱能力，这样孩子才能够彻底摆脱贫穷的状态。

在中国传统的家庭里，很多父母都把孩子照顾得无微不至。从孩子小时候他们照顾孩子的吃喝拉撒，到孩子长大了他们为孩子铺好人生的道路，让孩子考上好大学、找到好工作等，再到孩子要结婚的时候，他们又掏出毕生的积蓄为孩子买房，未来还要辛辛苦苦地给孩子带孩子。这样一来，孩子怎么可能长大呢？实际上，也有一些父母会把很多钱都留给孩子，希望孩子将来能够靠着这些钱过更好的生活。不得不说，金山银山都有吃空喝空的那一天，尤其是当孩子财商很低，不知道赚钱的辛苦，也不能够合理理财的时候，他们就更是会有千金散尽的时候。细心的父母会发现，那些富豪并不会给孩子留下大量的金钱，甚至有一些富豪会把金钱都捐献出去，但是他们的子女却生活得很好，这是为什么呢？这是因为他们的子女已经学会了富人的思维，所以就不会再被贫穷所困扰。

如何和孩子解释贫穷，对于父母来说是一个难题，在此之前，相信一定有很多父母都没有仔细地想过这些问题，而实际上只有想明白这个问

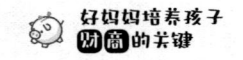

题，父母才能改变自己的心理状态，同时也能够让孩子避免贫穷。从根本的意义上来说，贫穷有两种，一种是经济上的贫穷。所谓经济上的贫穷，就是客观存在的贫穷，指的是家里没有钱，没有很大的房子，住的地方条件非常艰苦。这种经济上的贫穷是可以通过自身的努力来改变的。而另一种贫穷则是世代贫穷。所谓世代贫穷，是因为在代代人之间都流传着贫穷思维，也在流行着特殊的贫穷行为。所谓的贫穷行为，就是指一些恶劣的生活习性，例如很多祖辈都会好吃懒做，甚至还会做一些违法乱纪的事情，那么在这样的情况下，孩子就会受到不好的影响，在不知不觉间也学习了不好的行为。

对于经济贫穷的孩子，父母要让他们知道家庭的经济状况，让孩子能够树立良好的金钱消费观念，不因为家境贫穷就感到自卑，也不因为家境贫穷就觉得生活无望。而对于那种世代贫穷的家庭来说，父母一定要从自身做起，改掉那些不良的生活习惯和行为习惯，这样才能够给孩子带来积极的影响。

还有一些父母因为经济条件不好，对于孩子总是心怀愧疚。他们虽然没有那么多钱，却竭尽全力为孩子提供最好的条件。殊不知，这会让孩子形成一种错觉，即觉得家里的经济条件非常优渥，渐渐地孩子还会对父母形成依赖，更会对父母提出一些奢侈的要求。实际上，这对于孩子的成长是极其不利的。孩子是家庭的一分子，有权知道家庭真实的经济状况。父母不要总觉得孩子很脆弱，也不要总觉得应该把孩子严密地保护起来。孩子应该从小就接受自己生存环境中的一切，并能够勇敢地面对，这样他们才不会被贫穷击倒。

第三章
规划零花钱，是妈妈教给孩子的理财入门篇

零花钱的数目虽然小，但是要想把零花钱合理分配，把每一分零花钱都花到该花的地方，其中的学问可不小。父母应该借助零花钱来培养孩子的理财技巧，教会孩子合理使用零花钱，也教会孩子对零花钱进行规划，并且让孩子在节约零花钱的同时树立节约意识。最重要的是，如果孩子的零花钱还有富余，可以培养孩子的理财能力，这都是对孩子进行财商教育的重要方面。

从孩子多大时可以给零花钱

很多父母都在为是否应该给孩子零花钱而犹豫纠结,有些父母还针对这个问题进行了激烈的讨论。有的父母表示最好不要给孩子零花钱,这是因为学校周边有很多的小型超市,孩子们原本自控力就很差,如果带着零花钱在超市里胡乱买东西,那么很容易养成乱花钱的坏习惯;还有一些父母认为,为了培养孩子的消费意识,应该从小就给孩子零花钱,而不是等到孩子长大之后再给,否则孩子都不知道如何花钱。如果用避免给孩子零花钱的方式来防止孩子乱花钱,这显然是本末倒置的,也是得不偿失的。孩子虽然小,但是他们也有消费的权利。父母只能对孩子起到引导的作用,而不能够以这种因噎废食的方式阻止孩子与钱接触。

每个父母都有自己的理由,也有自己的原则。西方心理学家认为,孩子只有早早接触金钱,形成金钱观念,学会合理使用金钱,才能更快地适应成年之后的生活。这是因为孩子在主宰金钱的过程中会产生主人翁意识,会为自己感到自豪。哲学家培根曾经说过,如果父母在孩子小时候对

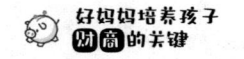

孩子过于吝啬，不让孩子在金钱上有非常舒畅的体验，那么孩子的性格就会变得非常畏缩。虽然这句话并不适用于所有的孩子，但是却告诉我们应该从小就让孩子与金钱接触，学会使用金钱。

至于多大的孩子该有零花钱，这个要因孩子而异。在认识到以不给孩子零花钱的方式来避免孩子与钱接触是错误的之后，父母可以根据孩子的身心发展来决定孩子是否能够拥有零花钱。通常情况下，要在孩子认识钱，并且知道钱的价值和作用之后，根据孩子的自控力来给予孩子零花钱，也可以据此决定给零花钱的金额，以及给零花钱的频繁程度。例如，对于自控力很强的孩子，可以选择一个月给他们一次零花钱，当孩子拿到了金额并不大的零花钱，如何保证这一个月的开销，对他们而言是一种考验。

给孩子零花钱，具体来说有哪些好处呢？

首先，给孩子零花钱可以培养孩子的自主能力。很多父母都习惯于为孩子准备好一切所需要的东西。实际上，随着不断成长，孩子的需求也在不断变化，他们对于选择也会有自己的喜好。在这样的情况下，父母决定给孩子多少零花钱，要从孩子的角度出发，要让他们可以自主选择喜欢的东西，同时以合理的计划消费为限度。在这样的过程中，孩子的金钱消费习惯渐渐形成，对于钱的主观意识也越来越强。

其次，可以以零花钱作为媒介开发孩子的智力。实际上，不管是纸币还是硬币，都蕴含着丰富的文化细节和深刻的文化内涵。父母在带着孩子认识钱和花费钱的过程中，可以提高孩子的观察力，让孩子观察不同面额的钱币有什么区别，还可以给孩子讲一讲钱币设计的故事，这样孩子就会学习到更多的知识。

再次，给孩子零花钱可以培养孩子的金钱观。很多孩子虽然知道钱是个好东西，是通过劳动挣来的，但是他们并没有形成珍惜用钱的好习惯，这是因为他们并不知道父母是通过怎样的劳动来赚取金钱的。为了让孩子树立金钱观，父母可以带着孩子去亲身感受自己的工作，让孩子体验自己的辛苦。在此基础上，孩子在消费前就会渐渐地学会选择，学会取舍。例如孩子原本分不清楚想要和必须要的东西，那么当他们意识到钱是有限的，而只能在诸多的商品中选择有限的商品时，他们就会进行利弊权衡，这对于帮助孩子了解基本消费和奢侈消费是很有帮助的。在此过程中，如果孩子对于金钱的欲望很强，那么父母还可以引导孩子养成节约的习惯。尤其是在校园里，孩子们之间的攀比心理很严重，他们吃穿都要名牌，在这种情况下，父母要告诉孩子名牌并不是生活的必需品，这对于帮助孩子树立正确的消费观是有积极作用的。

最后，在陪着孩子合理使用零花钱的过程中，父母可以培养孩子的财商。零花钱虽然少，但是要想把零花钱花到该花的地方，让每一分钱都花得物有所值可不容易。最重要的是，零花钱往往是一段时期之内的开销，所以，父母还要引导孩子制订合理的消费计划。在此过程中，父母也可以让孩子参与制订家庭的理财计划，让孩子接触理财产品，引导孩子进行理性消费，最终让孩子明确意识到开源节流的重要作用。相信当孩子在理财方面已经具备了这样的觉悟时，他们一定会树立更加正确的金钱观和消费观。

特别需要注意的是，对于孩子的零花钱，父母不要过多干涉。很多父母担心孩子会乱花零花钱，也担心孩子不能在一定时期内合理地分配零花钱，因而会对孩子过度控制。有的时候，孩子想买自己喜欢的东西，父母却觉得这些东西没有用处，所以会禁止孩子购买，这对于孩子显然是不公平的。父母会有自己的喜好，孩子也会有自己的喜好，如果父母能够尊重孩子的喜好，那么孩子就会觉得自己更有尊严。在孩子想买一些东西时，且这些东西并不是完全不需要的，或者并不是有害的，父母就应该支持孩子去买。有一些父母会把孩子的压岁钱等代为保管，用来购买孩子的书本服装等物品，实际上，对于孩子来说，这些花费并不属于零花钱的范畴。孩子的书本费、伙食费、服装费等开销，这些都是父母应该为孩子负担的，所以父母不要把孩子的钱挪作这种用途，否则孩子一定会有意见。

　　金钱虽然不是万能的，但是能够主宰和掌控金钱会让人认识到自身的管理才能。父母要给孩子这样的机会，让孩子亲身感受管理金钱的乐趣，让孩子知道金钱对于生活的价值和意义，这才是培养孩子财商应该做的事情。

让孩子学会合理分配自己的零花钱

大多数孩子第一次拿到零花钱的时候，先想到的就是买好吃的零食，买好玩的玩具。那么对于孩子而言，除了买零食和玩具外，零花钱还有哪些用途呢？也许有些父母会说，孩子可以用钱来买文具、买书。实际上，文具和书都属于孩子学习的必需用品，应该由父母来提供。在合理支配零花钱的时候，孩子应该找到更多的消费途径。毕竟现在孩子拥有的零花钱越来越多，如果都用来买零食、玩具或者是一些华而不实的东西，那么就相当于是对零花钱的浪费。所以父母既要给孩子自由去支配零花钱，也要对孩子进行监管，切勿对孩子放任不管，让孩子养成肆意浪费和挥霍金钱的坏习惯。如果孩子养成了大手大脚花钱的坏习惯，那么他们就不能够驾驭金钱，反而会成为金钱的仆人。如果孩子的欲望变成了无底的深渊，他们受到欲望的驱使，可能会做出一些过分的举动甚至违反法律。这显然是父母不想看到的。

父母切勿觉得孩子的零花钱金额很小，就对孩子花费零花钱不加管控。实际上，不管是花大钱还是花小钱，都需要理财的思路。只有形成良好的思路，才能够把或大或小的钱花得恰到好处。如果不能够形成理财的思路，孩子花钱就会非常随意，这样就无法有效支配金钱，也无法利用金钱创造更大的价值。

作为一名小学五年级的学生，赵凯每天都有零花钱。每当逢年过节，他还会拥有更多的零花钱。例如，在刚刚过去的六一儿童节，赵凯从爸爸妈妈那里各得到了200元零花钱，这样一来，他就拥有了400元零花钱。对于平时零花钱比较少的赵凯来说，这可是一笔巨款呀，他当即就筹划着要和同学去游乐场玩。

六一儿童节当天，赵凯带着400元去了游乐场，在游乐场里，他买了一张通票，花了100多元。中午吃饭的时候，他和同学平均分摊了吃肯德基的费用。他们说说笑笑，吃了很多炸鸡，一餐下去，赵凯就花了四五十元。在游乐场玩的时候，赵凯还吃了一些冷饮，买了一些小小的纪念品，一天下来，赵凯把400元花得一分都不剩了，甚至坐公交车回家的时候，还是同学帮他刷的公交卡呢！

六一儿童节当天，小米也得到了100元零花钱。和赵凯与同学们去游乐场玩不同，小米学校组织了野营活动。为了节省开销，小米让妈妈为她准备了食物带去在野营的时候吃，她还从家里拿了一些小零食。游玩的过程中，看到有一些卖纪念品的摊位，小米只是看一看，问问价格。她发现这些纪念品都制作粗糙，所以只是象征性地花了10元钱买了一件纪念品，并没有像其他同学那样买一大堆好玩的东西。

六一儿童节下午，他们早早地回到学校。小米在回家的路上路过新华书店，看到新华书店里有六一儿童节的促销活动，就花了50元为自己买了三本书。整个一天下来，小米还剩了40元呢！她路过银行的时候，把这40元存到了自己的账户里，看着自己账户里的钱越来越多，小米感到特别有成就感。她还和爸妈商量着，等到她账户里有5000元的时候，就让妈妈为她买一只股票。妈妈很乐意为小米分析股票，小米很高兴地说："我想，等到我上大学的时候，大概都不需要跟你们要钱吃饭了！我自己就能养活自己！"

对比赵凯和小米的开销，我们可以看到他们有一个很明显的区别，赵凯随心所欲地花钱，并没有节约意识，小米只花该花的钱，而且还有储蓄和投资的意识。可想而知，这样的两个孩子长大之后，他们对于金钱的观念将会大不相同。

实际上，这两个孩子在金钱消费上面有这么大的区别，并不是先天因素导致的，而是父母对他们的引导决定的。显而易见，赵凯是属于散养型的，父母只负责给他钱，而从来不关心他如何花钱。父母已经习惯了在该给赵凯钱的时候就给赵凯钱。小米的父母早早地为小米开设了银行账户，让她先把钱存在银行账户里，看着自己的储蓄金额越来越大，小米自然会获得成就感。在坚持储蓄的过程中，小米看见自己的金钱变得越来越多，还能够看见自己的未来将有更多的金钱，甚至会设想自己的未来会有很多的钱用，这样当然会有更大的动力坚持储蓄。

除了消费和储蓄外，孩子的零花钱还有哪些去处呢？如今很多理财产品的门槛是比较低的，父母可以为孩子购买理财产品，让孩子看到自己的钱财在购买某一款理财产品之后会得怎样的收益，这对于培养孩子的理财意识是很有好处的。此外，孩子储蓄更多的金钱还可以作为教育基金的储备，以备将来在考上大学或者是离开家去读书的时候，作为自己的小金库使用，这些都是非常好的选择。

有些父母本身就热衷于公益事业，那么也可以以身示范，教孩子投身于公益事业，帮助他人，自己也会感到快乐。当孩子用金钱来帮助他人的时候，他们会感到内心非常充实，也会因此而获得成就感。这样才能够让孩子的心中充满大爱，让孩子成为一个善良温暖的人，这对孩子而言当然是大有好处的。

总之，切勿让孩子在使用零花钱的时候陷入思维的局限之中，觉得零花钱只能用来买零食和玩具，这样一来，零花钱的意义就不能够凸显出来了。实际上，金钱的作用是非常大的，可以用于各个领域，可以说只有你想不到的，没有你做不到的。当我们开阔思路，和孩子一起给零花钱找到更多的好去处，那么零花钱自然就会创造更大的价值，孩子也会觉得内心更加充实，还会觉得自己花出去的钱是非常有意义的。

孩子的压岁钱,让他自己保管

孩子们最喜欢过春节,这是因为春节可以吃到很多美味的食物,好吃的零食,还可以与很多亲戚朋友见面。在拜年的过程中,孩子们就变成了一个个小"财主",他们会收到很多的压岁钱,这些压岁钱积少成多,就会成为很大一笔钱。显然,父母不可能让孩子们自主管理这么一大笔钱,有些父母会把孩子的钱没收。实际上,这对于培养孩子的财商是非常不利的。明智的父母会让孩子自己保管压岁钱,这是因为他们相信孩子既然能够管理好零花钱,也应该能够管理好压岁钱。从本质上来说,不管是管大钱还是小钱,其中的道理都是相通的。当父母已经教会孩子合理分配和储蓄零花钱,那么也要相信孩子可以合理分配和储蓄压岁钱。

如果父母平日里还会在固定的时间给孩子零花钱,那么孩子往往不需要花压岁钱;如果父母平日里不会给孩子零花钱,那么孩子就需要花长辈们过年发的压岁钱。在这种情况下,压岁钱的合理支配就变得更加重要。

随着生活水平的提高,每到逢年过节的时候,长辈们给孩子发压岁钱的金额也越来越大。网络上曾经曝出新闻，有的孩子在过年期间能收到以万为单位的压岁钱。不过很多时候，这种大额的压岁钱对孩子来说并没有太大的意义，这是因为如果压岁钱的金额比较小，那么孩子们可以将其作为零花钱支配，如果压岁钱的金额比较大，父母往往会以代为保管的名义没收压岁钱，那么对孩子来说就相当于没有。所以说，孩子们在收到大额压岁钱的时候，往往是喜忧参半，父母如果能够引导孩子自己保管压岁钱，孩子们对钱的感受会更加深刻。

《穷爸爸，富爸爸》的作者曾经说过，作为父母，如果从不教孩子金钱的知识，那么骗子、奸商等作为反面教员最终就会代替父母来教孩子金钱的知识，这对于孩子而言，一定会付出惨重的代价。所以，父母一定要肩负起教孩子认识金钱的重要职责，这样才能够在培养孩子的财商方面担当起重任。记住，如果说平时孩子所拥有的只是一些零花钱，那么过年时候的压岁钱对孩子来说，就是很大一笔钱，抓住这个机会对孩子进行引导和教育，显然会对培养孩子的财商起到很好的作用。

每年过年都是娜娜最开心的时候，因为过年的时候，她可以收到少则几百元，多则几千元的压岁钱。对于平日里只能得到少量零花钱的娜娜来说，这可是一笔巨款。所以每次拿到这笔巨款，她都坚决拒绝交给爸爸妈妈。正是因为如此，她的压岁钱才没有被爸爸妈妈代为保管。但是，如何才能够让娜娜保管好自己的压岁钱呢？

有一年春节，还没过正月十五呢，娜娜就把所有的压岁钱都花完了，这让妈妈非常震惊。她质问娜娜："你的压岁钱足足有两千多块呢，你怎么花的？"娜娜拿出自己买的几个玩具。看着那些华而不实的玩具，妈妈懊悔地说："你买这些玩具为什么没有经过我们的同意？"娜娜说："我这是花了自己的压岁钱买的，为什么要告诉你们呢？"妈妈对娜娜说："虽然这些压岁钱是你的，但是这么大金额的钱，你在花费的时候一定要跟父母打招呼，如果你再这样胡乱花压岁钱，我们就会把你的压岁钱收走。"看到妈妈说得这么严肃，娜娜这才意识到自己的错误。她对妈妈说："要不，以后你们告诉我怎么保管压岁钱，我来做，好不好？"看到娜娜有了悔改的态度，次年春节，妈妈没有没收娜娜的压岁钱，而是和娜娜一起对压岁钱进行了合理规划。

这年春节，娜娜得到了3000元压岁钱，考虑到娜娜平时每周只有十元钱的零花钱，妈妈允许留下一笔钱作为零花钱的补充，让娜娜对其他的钱进行规划。在经过和娜娜的详细沟通之后，妈妈和娜娜最终达成了一致，即拿出2000元储蓄，拿出500元作为买书的基金，拿出300元作为应急之用，拿出200元作为零花钱的补充，只能用于购买文具、书等必需品。看到妈妈把零花钱分配得这么合理，娜娜由衷地说："妈妈，你可真是一个管钱的高手呀！"这个时候，爸爸在旁边说："那是当然的！妈妈就是管钱的高手，要不然咱们家的钱不多，怎么能够过得这么滋润呢？都是妈妈管钱管得好！"娜娜也沉思着说："原来，管钱管得好，可以让同样的钱发挥更大的作用。"听了娜娜的话，爸爸由衷地对娜娜竖起大拇指说："你可要和妈妈学习，将来合理规划自己的收入。现在，你的当务之急就是管好你的小金库。"

有调查机构发现，大多数孩子的压岁钱都被父母收走了，只有极少数孩子可以自己保管压岁钱。但是在这极少数自己保管压岁钱的孩子之中，只有很少的孩子得到了父母的引导，大多数孩子都是随意地花压岁钱。他们胡乱挥霍压岁钱，并没有让压岁钱起到应有的作用。

很多事情不经历无以为经验，如果父母凡事都代替孩子去做，那么孩子就无法更好地发展各个方面的能力。父母只有给孩子机会亲身去尝试，孩子才能够有更好的表现。尤其是对于金钱，早一些让孩子接触金钱，让孩子懂得分配金钱，对于培养孩子的独立性和理财能力都是至关重要的。

鼓励孩子养成记账的好习惯

生活中有多少孩子能够做到把零花钱的每一笔开销都清清楚楚地记录下来呢？别说孩子做不到这一点，就连很多成人也不习惯记账，他们总是有多少钱就花多少钱，很少会把自己的每一笔开销都记录下来。实际上，记账是一个非常好的习惯，记账能够让我们知道每一笔钱的去向，也能够让我们知道整体开支的情况，还会让我们发现有哪些消费是不合理的，有哪些属于超前消费，又有哪些消费是必须支出的，从而有助于我们制定更好的消费计划。如果父母有记账的习惯，那么也可以引导孩子养成记账的良好习惯，这对于培养孩子的理财观念，帮助孩子养成良好的理财习惯都是非常有好处的。

当然，刚开始记账的时候，孩子也许会觉得琐碎，毕竟生活中需要用钱的地方很多。用钱的事情越多，意味着孩子需要记载的账目就越多，对于孩子而言，这当然是多了一项负担。其实与其把记账作为负担，还不如调整好心态，把这当成是一项必须做的事情，这样心理上对于记账就不会那么抵触，当然也会更乐于把账目记好。在石油大亨洛克菲勒家族里就有一本账本，这个账本是整个家族的传家宝，对于整个家族的发展都起到了至关重要的作用。

洛克菲勒家族是全世界第一个财富达到十亿美元的家族。这个家族致富的能力非常强，他们拥有大量的财富，但是在金钱上，他们从不会因此而放纵孩子。洛克菲勒家族坚持节俭的优良传统，因为担心富二代会比普通人家的孩子受到更多的物质诱惑，养成挥霍的坏习惯，所以他们对于孩子的金钱管束反而比普通人家更加严格。

为了赚取更多的零花钱，洛克菲勒在很小的时候就给父亲做雇工，做家里的很多工作，例如去田地里干活，帮助母亲给奶牛挤奶等。这样一来，他除了得到父母给的零花钱外，还可以有多余的收入，这使得他的零花钱构成比较复杂：一部分是父母给的固定零花钱，另外一部分是他打工赚来的钱。虽然是他自己辛苦打工赚来的钱，但是父母亲并不允许他随意花费，父亲要求洛克菲勒把每一笔零花钱都记录在账，并且把每一笔开销也都记录在账上，这样到了月底的时候，他就可以根据自己所剩的零花钱，再综合账本来检查收入开销是否能够严丝合缝，也可以反省自己的每一笔开销是否是必须的，是否都用于正确的用途。

正是因为从小就养成了记账的好习惯，所以在发展事业的过程中，洛克菲勒始终对自己严格管束。他凭着努力，凭着勤俭节约，在金钱方面做到了非常严格的自我管理。虽然他拥有大量财富，但是他和父亲一样，对孩子们的零花钱进行了严厉监督。例如，每个孩子每周只能得到1美元50美分零花钱，而且必须把这笔钱的开销记录得清清楚楚。如果孩子记录的账目通过了洛克菲勒的审核，那么等到下一周的时候，洛克菲勒就会给孩子多发10美分，即给孩子1美元60美分。反之，如果孩子的账目不能通过洛克菲勒的审核，那么洛克菲勒就会把孩子的零花钱减少十美分。

为了激励孩子们进行储蓄，洛克菲勒还针对储蓄设置了奖励，例如，如果孩子可以把20%以上的零花钱用来储蓄，那么，洛克菲勒就会向孩子的账户里增加同等数额的存款，这样一来，孩子就拥有了双倍的存款，这是洛克菲勒给孩子的特殊奖励。可想而知，在这样的奖励机制下，孩子们是多么乐意存钱。这使得他们都养成了爱储蓄的好习惯。

通过记账这个好习惯，洛克菲勒引导孩子们勤俭节约，合理消费，而且引导孩子们主动储蓄。正是因为如此，洛克菲勒家族的孩子们的财商都非常高，这样才能够继承家族的企业，继续把家族企业发扬光大。对于普通的父母而言，虽然没有洛克菲勒这样的财商，也没有洛克菲勒这样的成功经验，但是对于孩子的财商管理却不能疏忽。父母要多多关注孩子的消费习惯，要知道孩子把钱花到了哪些地方。一旦发现孩子有不合适的消费行为，就要积极地纠正孩子的行为。只有在孩子小时候，父母多多用心地培养孩子的金钱意识，帮助孩子养成良好的消费习惯，孩子将来的理财能力才会更强。具体来说，父母要如何帮助孩子养成记账的好习惯呢？

首先，父母要以身作则，自己先学会记账，而且经常把账本拿给孩子看，让孩子了解家庭的经济情况。这样在潜移默化中，孩子就会受到影响，也会很愿意进行记账。否则，如果父母只是要求孩子记账，而自己却把家里的钱花得乱七八糟，根本就对不上账，那么孩子怎么能够受到积极的影响呢？

其次，为了帮助孩子形成仪式感，父母可以送一个精美的记账本给孩

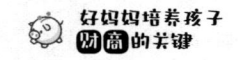

子用于记账。记账本最好能够符合孩子的年龄特点，或者有鲜艳的色彩，或者有卡通形象，在此过程中，父母还可以帮助孩子绘制表格，让孩子在相应的表格里填入开支或者是收入，相信这样坚持下去，孩子对于记账的兴趣会越来越浓厚。

再次，要制定奖惩的制度，鼓励孩子坚持记账。很多孩子做事情都会三心二意，不能持之以恒，那么父母要与孩子约法三章：如果孩子记账记得好，就给孩子一些奖励；如果孩子记账半途而废，那么就要对孩子进行一定的惩罚；当发现孩子的消费都很合理时，父母要给予孩子奖励；当发现孩子进行不合理的消费时，父母可以适当缩减孩子的零花钱。这些做法都有助于约束孩子，都会对孩子起到很大的激励作用。

最后，随着孩子不断成长，他们开销的项目会越来越多。如果说孩子之前的开销项目只是每天早晨在外面买早餐，或者是放学之后买一个冷饮，那么随着不断成长，他们会有更多的需要开销的地方。例如同学过生日要给同学送一个礼物，学校里组织给灾区捐款，他需要捐款，或者是突然需要买一种奢侈的玩具，这种玩具是父母不想负担的。那么对于孩子来说，这些都是开销，随着孩子开销越来越多，父母可以帮助孩子调整账本的分类，进行完善，这样孩子在记账的时候才能够把相应的消费记在相应的栏目里，从而使账目一目了然。

总而言之，记账的目的不仅仅是让孩子知道零花钱的来路和去处，还是让孩子在此过程中形成财务规划的概念。财务规划最重要的特点就是要保持收入和支出的平衡，并且要找出收入和支出的规律，从而提前做好消费计划。如果孩子能做到这一点，那么他们调控零花钱的能力会有质的飞跃。

孩子用零花钱买彩票，可取吗

这些年来，彩票代售点越来越多，这使得孩子们也能接触到彩票。有一些孩子在有了零花钱之后会用零花钱来买彩票，他们的想法很简单，在看到彩票代售点上标注的有人中了大奖的新闻后，他们总是非常激动，幻想自己如果也能中这样的大奖，那么生活将会发生怎样翻天覆地的变化呢？不得不说，这是孩子对于彩票的曲解。

那么，什么是彩票呢？彩票是公共机关为了筹集资金向社会销售的一种票。这种票为了激励更多的人购买，就必须要设置一些奖项。如果大家都买彩票，却没有任何人得到好处，那么大家当然不会继续购买彩票。发行彩票的往往是政府部门，他们的目的是把人们手中的小钱聚集在一起用于发展公共事业。实际上，这样的初衷是非常好的。作为一个彩民，切勿把买彩票的初衷搞错了。如果我们买彩票的目的是给公共事业的发展贡献一份力量，那么这种行为当然是要鼓励的。但是如果我们买彩票本末倒置，只是一心一意地想着能够一夜暴富，那么最好还是不要再购买彩票

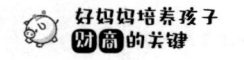

了。因为怀着这种心态购买彩票，就相当于把彩票当成了一种赌博的工具，带有很强的赌博心理。

现实生活中，很多人坚持每周都购买彩票。虽然他们中到的大奖很少，但是他们依然对买彩票满怀热情。如果孩子也受到这样的不良影响，在没有正确的价值取向作为指引的情况下，孩子们就会对彩票产生一定的认知偏差。那么，孩子是否应该将零花钱用于买彩票呢？

哲哲读小学六年级。最近这段时间，班级里有很多同学都在用新款的智能手机，哲哲也很想要一个智能手机，但是妈妈拒绝了他的请求。因为哲哲每天都在家与学校之间过着两点一线的生活，妈妈认为哲哲并不需要一个智能手机。买一个智能手机，尤其是最新款的智能手机，需要很多钱，至少要几千元呢！哲哲可舍不得把自己辛苦积攒的几千元零花钱都用来买手机。

有一次放学的路上，哲哲看到了一个彩票点的门口赫然写着有人买彩票中了几千万元，不由得怦然心动，暗暗想道：如果我花两元买的彩票也能中几千万元，那么我就不需要爸爸妈妈给我买手机了，我还能买一套大别墅给他们住呢！怀着这样的心态，哲哲买了人生中第一张彩票。自从买了这张彩票之后，哲哲就一发而不可收拾，每天放学经过彩票点，他都忍不住进去买一张彩票。

每周，妈妈只给哲哲十元零花钱。这十元钱主要是让哲哲用来买一些必需品的，但是自从买了彩票之后，周一到周五，哲哲每天都花两元买彩票，就没有钱去买必需品了。为此，哲哲不得不和妈妈要更多的钱，他会找出各种借口和妈妈要钱，或者说老师让买一种特定的文具，例如本子或者是钢笔等，又或者是和妈妈说他和同学相约放学之后去吃冷饮，轮到他请客了。总而言之，哲哲想出的借口花样百出，渐渐地，妈妈起了疑心。有一次，妈妈通过询问哲哲的同学才知道，哲哲每天放学之后都买彩票。妈妈不由得大发雷霆，冲着哲哲吼道："你这个孩子怎么天天浪费钱呢？你做梦都想着发财，你如果学习不好，就算有再多的钱也没有用！"哲哲对此却有自己的理解，他说："我买彩票是投资呀，我只需要付出两块钱，就有可能中几千万，我还想给你跟爸爸买个大别墅呢！"听到这样的回答，妈妈哭笑不得，她说："傻孩子呀，如果随便谁买彩票都能中几千万，那么这个世界上还有穷人吗？谁家拿不出两块钱呢！重要的是，你知道彩票是什么原理吗？"妈妈详细地把彩票的原理讲给哲哲，哲哲这才知道原来彩票的奖金都是从彩民身上得到的，他这才意识到自己是金字塔最底端的基础财迷。他感到有些迷惑，说："那万一呢，万一我中了大奖呢？这中间总有一个概率吧？"妈妈语重心长地对哲哲说："哲哲，如果你是怀着献爱心的心理去买彩票，那么妈妈支持你。但是如果你是带着这样赌博的心态去买彩票，妈妈认为你必须马上停止。对于你来说，妈妈给你的钱是早上吃饭的，或者是下午太热了，放学之后买一杯冷饮喝的，如果你把这些钱都用去买彩票，就会影响你正常的生活。而且买彩票的人都有一种赌博的心理，他们希望靠着幸运来改变自己的命运，对于大多数人来说，这当然是不可能实现的。妈妈希望你能够脚踏实地地学习，将来考上好大学，找一份好工作，靠着自己的努力自食其力地生活，这才是每一个正常人生活的道路。只靠着碰运气，可不会撞到大运！"

妈妈苦口婆心的劝说使哲哲陷入了沉思，哲哲这才意识到自己买彩票的心态是不正确的。后来再经过彩票点的时候,他就会控制自己,让自己不要随意地买彩票。经过一段时间的调整之后,哲哲终于戒掉了买彩票的瘾,又能够脚踏实地地学习了。他相信只要自己努力,等到上了初中、高中真正需要手机的时候,爸爸妈妈会为他买一个手机,或者是他也可以用零花钱买一个手机。

哲哲妈妈说得很对,很多人买彩票,包括成人在内,都是怀着这种侥幸心理,希望自己能够在千万人中脱颖而出,成为那个中大奖的人,而实际上中大奖完全是靠运气,并没有任何规律在里面。如果让孩子养成这样不劳而获的思想,那么孩子又怎么愿意积极努力地学习呢?所以父母要断绝孩子这种错误的想法,要让孩子相信,只有靠着努力才能够有所成就,才能够获得成长。

当然,对于一些福利机构发行的彩票,父母可以让孩子以献爱心的方式去购买。这样是非常积极的一种方式,可以让孩子对这个世界充满爱。对年幼的缺乏控制力的孩子,最好先不要让他们接触彩票事业,而是可以让他们以其他的方式做慈善,例如帮助一个贫困地区的同学,这对孩子而言是能看得见的公益,也能够对孩子的成长起到积极有力的推动作用。

给孩子零花钱，不可有求必应

在确定了应该尽早给孩子零花钱之后，接下来父母面对的问题就是应该以怎样的方式给孩子零花钱。前文简单说过，对于给孩子零花钱的方式，可以根据孩子的身心发展特点以及孩子的自控力来决定。总的原则就是对孩子要尽量放手，而不要看管得过于严格，否则就无法利用零花钱对孩子起到引导的作用。

现代社会生活水平越来越高，很多孩子对零花钱的需求越来越大，而且他们要零花钱的借口也是各种各样的。例如，有的孩子要买玩具，有的孩子要买美味的食物和同学分享，有的孩子要和同学攀比吃穿用度。父母既不想拒绝孩子的要求，又担心孩子在拿到钱之后胡乱挥霍，所以常常感到非常犹豫，不知道应该如何对待孩子要零花钱的请求，也不知道应该如何给孩子零花钱。在这种情况下，父母要明确一个观点，即孩子越来越大，他们不可能一直不与钱财接触，只有在与钱财接触的过程中，他们才能养成良好的消费习惯。

在面对孩子的各种请求时，父母要给予孩子一定的理解和支持。例如，有些孩子想买一些并非必需品的东西，虽然父母认为这些东西是非必需品，但对于孩子来说，这些东西有可能就是必需品。在这样的情况下，父母要尊重孩子的意见，也可以和孩子约定：对于必须买的东西，由父母来负责买单；对于孩子认为必须买的，而父母却认为可有可无的东西，可以各自负担一半；对于孩子坚持要买，父母觉得没有必要买的东西，那么孩子就要从压岁钱等储蓄里支出，这样有助于孩子权衡哪些东西该买，哪些东西不该买。

自从上了小学三年级，孩子们再也不是一二年级的小豆包了，他们口袋里的钱渐渐地多起来，这时的班级里兴起了一股零花钱热。孩子们每天都会比较各自带了多少零花钱，还会在放学之后用这些钱买东西请同学们吃。老师觉察到不好的苗头，周一给同学们开了一次主题班会。

老师问孩子们："你们每个星期有多少零花钱呢？"孩子们马上七嘴八舌地议论起来，有的孩子说每个星期都有50元，有的孩子说每个星期只有10元，还有的孩子说不是每个星期都有零花钱，是每个月才有一次零花钱，也有的孩子说每天都可以领到5元。对于孩子们各种各样的回答，老师让孩子们讨论在不同的时间段里发放零花钱有什么好处，孩子们从没有想到给零花钱居然有这么大的学问，他们开始议论起来。一开始，他们都不知道以不同的方式给零花钱有什么好处，在老师的引导下，他们才知道原来父母都有着良苦用心。尤其是在听到老师分析了给零花钱的时间大有学问之后，孩子们这才意识到，原来父母是为了帮助他们合理分配零花钱，才会间隔不同的时间给他们零花钱。

正当孩子们议论纷纷的时候，有一个同学突然大声喊道："1000元钱！"大家听到这个回答都感到非常震惊，扭头一看，原来是班级里的六富豪姜超正在喊呢。原来，姜超是标准的富二代，他的爸爸妈妈都是做生意的，家里特别有钱。姜超说："我与爸爸妈妈很少见面，但是他们只要回家，就会往我的口袋里塞很多钱。有的时候，爷爷奶奶、姥姥姥爷也会给我零花钱。不过，我觉得1000元钱根本就不够我花的。"想起姜超经常会买好几杯星巴克请同学们喝，老师语重心长地对姜超说："姜超，孩子的消费一定要符合孩子的身份，你们现在还不能赚钱呢，花的钱都是父母辛苦赚来的，一定要学会节俭。平日里口渴了，你可以喝学校里的水。当然，也不是要求你不能喝其他水，只是觉得没有必要喝星巴克。例如，你可以买一瓶饮料，只要三五元钱。"这时，有一个同学喊道："三五元钱我都舍不得买呢！这是爸爸妈妈给我吃饭的钱，每天早晨5元。我除非早晨吃饭节省了，才有钱买一瓶饮料。一瓶饮料要3.5元，好贵的。"姜超对此不以为意地笑着说："3.5元有什么贵的？3.5元的饮料我根本就不爱喝！"听了姜超的话，老师陷入了沉思。

这次班会之后，老师知道了孩子们的零花钱差距居然这么大，也知道了有些父母对于孩子的金钱消费观并没有进行培养，老师决定对姜超进行一次家访，和姜超的父母好好谈一谈。他和姜超的父母约了很多次，才终于见到他们。老师和姜超的父母说了孩子大手大脚花钱的情况，父母说："我们因为忙于做生意，没有时间陪他，就觉得对不起他，所以才给他这么多钱。"老师说："即使没有时间陪伴孩子，也不能用金钱来代替陪伴，否则孩子对于父母的感情就只剩下金钱，这对于你们未来的亲子相处肯定是不利的。"在老师的一番劝说之下，父母都意识到挣钱不是最重要的，而是要多多抽出时间陪伴孩子，他们重新进行了分工，确保两个人之中总有一个人有时间陪伴姜超。在父母的陪伴下，姜超感受到了金钱买不来的快乐和满足。

具体以怎样的方式给孩子零花钱，每个家庭都应该根据孩子的情况决定，但是有几个原则是需要父母们都去遵守的。

首先，给孩子零花钱要量入为出。有些家庭本身经济条件不好，但是为了给孩子创造更好的条件，父母会尽可能地给孩子提供最多的零花钱，以此来表达对孩子的爱。实际上，这是对于爱的误解，也会让零花钱对孩子产生负面的影响。整个家庭里所有的家人都是一个整体，所以父母与孩子相处的时候，要告诉孩子家里的经济状况，必要的时候能让孩子更懂得节约金钱。这非但不会对孩子的成长有坏处，反而会对孩子成长有好处。量入为出是所有人，包括成人和孩子在内，都要遵守的消费原则。

其次，在固定的时间里给孩子发零花钱。在固定的时间给孩子发零花钱，这样会让孩子有一个固定的消费周期。一开始，孩子可能会因为没有计划导致把钱花得乱七八糟，但是随着时间的流逝，孩子会对钱财规划得越来越好。举个简单的例子，如果父母每周给孩子一次零花钱，孩子刚开始的时候，可能在周三就把钱花光了，这直接导致他在后来的三天中没有零花钱可用。得到这样的教训，孩子就会把零花钱进行合理分配。在此过程中，他们的自控力也得以提升，会做到合理消费和理性消费。

再次，要告诉孩子不要与人攀比。每个家庭的经济情况都是不同的，有的家庭经济条件好，他们会给孩子更多的零花钱，也许是因为父母没有时间陪伴孩子，就像事例中姜超的父母一样，因为对孩子感到愧疚，所以给孩子更多的钱。有的家庭经济相对紧张，就没有那么多钱给孩子零花。不管家里是富裕还是贫穷，都不要因为攀比而给孩子不合理的零花钱，这是因为孩子还小，他们的自控能力有限，对于金钱的消费也不那么理性，父母一定要做好孩子的监管者。

最后，要引导孩子学会区分他们的需求是否合理。很多孩子不管有什么需求，都想第一时间得到满足，这显然是不合理的。例如，有些孩子想买很多课外书，父母可以支持孩子；有些孩子想和同学一样买一部名牌的手机，这当然是不合理的需求。还有的孩子买玩具会买很多一样款式的，每次看到新玩具都要买，那么父母要让孩子知道家里的钱是有限的，不能用来买这些已经有了的东西。在这样的过程中，孩子渐渐地就会养成合理消费的习惯。

在给孩子零花钱的时候，父母要避开误区。事例中姜超的父母把给孩子零花钱与对孩子的爱挂钩，甚至用零花钱来代替对孩子的陪伴，这会扭曲亲子关系，这种行为会在教育孩子的过程中产生非常糟糕的效果。钱是不能收买人心的，尤其是对于父母与孩子之间亲密无间的关系和深厚的感情来说，钱财更是不值一提。零花钱不应该与父母对孩子的爱挂钩。在家庭生活中，父母除了不要把零花钱与对孩子的爱挂钩，还要避免把零花钱与孩子的成绩挂钩，以金钱的方式奖励孩子。否则只会让孩子失去学习的内部驱动力，变成必须得到金钱或者物质的奖励，才有动力去学习，这

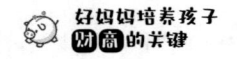

当然是很不好的。

当家庭里成人比较多的时候，还要约定只能由一个人通过特定的渠道来给孩子零花钱，不要出现父母和爷爷奶奶都随意给孩子零花钱的情况。这样一来，既不能固定给孩子零花钱的时间，保持孩子拿到零花钱的消费周期，也不能够控制给孩子零花钱的量，导致孩子拿到太多的钱，养成挥霍浪费的坏习惯。

如果想要帮助孩子形成仪式感，让孩子具有契约精神，那么还可以和孩子签订零花钱合同，在合同里约定每个月在什么时间里给孩子多少零花钱，并且要约定孩子应该把这些零花钱用在什么地方、每个月有多少零花钱用来消费、有多少零花钱用来积蓄，以及在家庭生活中，孩子可以通过从事哪些劳动来赚取零花钱。合同中还可以规定如果孩子犯了错误，就要接受相应的惩罚。具体来说，所有的条款都应该根据孩子和家庭的实际情况去制定。规矩是死的，人是活的，对于一些细节的问题，无须定得太过死板，而对原则性问题，则应坚持要求孩子遵守，这样孩子才能够在有底线的基础上进行自主安排。在零花钱合同的约束下，孩子会更快速地学会金钱管理，也会提升财商。

第四章
君子爱财，取之有道，让孩子认识多种生钱渠道

很多人都说钱是靠赚来的，而不是靠省下来的，其实这种说法很片面。这是因为钱既是靠赚来的，也得靠积蓄，才能够获取人生中的第一桶金。在理财的过程中，我们不但要学会攒钱，还要学会以钱生钱，这样才能够让钱变成会下金蛋的老母鸡，不停地给我们创造利润。现代社会，人们对于理财更加重视，其实要想把理财做得更好，最重要的就是学会储蓄。对于人们而言，学会储蓄是提升理财能力的一个重要方面。作为父母，更是要引导孩子学会使用零花钱，让孩子养成良好的储蓄习惯，还要让孩子形成理财的意识，能够以钱生钱。

积少成多，财富的积累是一个过程

古人云："不积跬步，无以至千里；不积小流，无以成江海。"这句话告诉我们，一个人做事情必须从点点滴滴开始做起，要脚踏实地，不断坚持和积累，才能够有所成就。在培养孩子理财的过程中，父母也要让孩子深刻地意识到这个道理。很多孩子对于小钱从来不看在眼里，对于大钱却又得不到，所以他们对金钱的态度就越来越浮躁。父母要让孩子知道，他们现在还没有赚钱的能力，就更要看重每一分钱，即使是一分钱这样的小钱，如果能够大量积聚在一起，也会变成大财富。父母还要告诉孩子，那些大富豪那么富有，还很注重积蓄钱财，还会积累一点一滴的小钱，他们能够发家致富是有道理的。

当然，除了要告诉孩子积少成多的道理外，还要引导孩子进行积累，尤其是要给孩子做好榜样。在家庭生活中，对于一些小钱，例如买菜找零回来的钱，可以将其放在储钱罐里，这样渐渐地就能够积累很多钱。父母切勿当着孩子的面说找回来的一毛两毛钱没用，这样孩子就会受到父母的影响，不把这些小钱看在眼里。显而易见，这对孩子的影响是非常负面的。

当然，为了让孩子知道积少成多的巨大力量，还可以在孩子积攒了很多钱之后，和孩子一起清点这些钱，让孩子知道每日里积攒的这些零钱积聚在一起，就会变得非常多，这对孩子而言当然是非常直观的感受。这会让孩子直观地看到金钱的积累，以及其所产生的力量，尤其是当拿着这些钱去做一些有意义的事情时，孩子会获得很大的成就感。

1898年，默巴克正在美国斯坦福大学读书，他的学习成绩非常优秀，但是他的家里非常贫穷，他的父母都是普普通通的职员，还生养了很多的孩子。父母靠着微薄的薪水养活着一大家子人，非常艰难，因此家里的经济特别紧张。为了能够帮助父母减轻压力，默巴克从进入大学的第一天就开始了半工半读的生活，他帮助学校承担了很多工作，如修剪草坪、打扫卫生等。后来，他发现自己做这些工作能够赚取一部分钱，承担起自己的生活开销，他还把学校学生公寓的清洁卫生工作也承包了下来。

每隔一段时间，默巴克就会彻底清洁学生公寓。他在学生公寓的犄角旮旯里找到了很多硬币。这些硬币的面值都不大，有1美分的、2美分的和5美分的，但是这些硬币遍布学生公寓的每一个墙角和家具的缝隙中，几乎每间学生公寓里都能找到这些硬币。默巴克借助打扫卫生的机会，把这些硬币清理出来，交给住在公寓里的同学们。同学们对于这些硬币完全不屑一顾，他们说："这些硬币，我可不想要！放在钱包里很碍事，又因为面额小，所以根本买不到东西。我们故意把它扔掉的！"默巴克听到同学们的回答感到非常惊讶：这些硬币虽然小，但是如果能够积累起来，却是一笔很大的财富，所以默巴克给美国财政部门写了一封信反映这种情况。得到财政部门的反馈之后，默巴克认识到，如果能够把大量在灰尘下沉睡的硬币收集起来，那么一定能够创造可观的利润。正是受到这个思想的启发，大学才刚刚毕业，默巴克就成立了一家公司，命名为"硬币之星"。这家公司的主要业务就是推出自动换币机，顾客只要把这些硬币倒进机器里，机器就会自动清点数目，然后打印出一张收条。这样一来，顾客就可以凭着这些收条去服务台领取现金。当然，这个自动硬币换币机是有手续费的，每一笔订单的手续费用大概为订单金额的9%。因为要把这些自动换币机放在超市、商场等场所，所以这9%的手续费用是由公司与超市、商场等按照比例去分配的。这笔生意看起来是非常微不足道的，毕竟硬币的面额很小，即使收取面额9%的费用，还要与超市分配，又能够赚取多少钱呢？但是，默巴克很快就把自动换币机投放在全国很多家超市，最终凭着这些微小的利润，他把自己的公司做成了纳斯达克上市公司，这让他成为了不折不扣的大富豪。正是因为如此，人们才说他是1美分堆积起来的大富豪。不得不说默巴克的财商非常高，他能够看到1美分硬币隐藏的巨大利润，所以才能够发现其中蕴藏的巨大商机，成为大富豪。

世界上，很少会有一蹴而就的成功，也不会有从天上掉下的馅饼。任何事情都有一个漫长的过程，创造财富也是如此。要想让自己从贫穷到富有，就需要一点一滴地进行积累。父母在培养孩子财商的时候，一定要让孩子明白积少成多、聚沙成塔的道理，切勿让孩子忽视那些微不足道的小钱。孩子必须重视这些小钱，注重积累自己的财富，这样才能够提升财商，让自己成为金钱的驾驭者。

  当着孩子的面，父母要做到重视这些小钱，不要把那些零钱随意丢弃在隐蔽的角落里，而是要把这些零钱放在一个专用的地方。金钱的主要作用就是在市场上进行流通，不管是小额的金钱还是大额的金钱，如果只能躺在灰尘里睡觉，那就是没有任何意义和价值的。当然，在忽略这些财富的过程中，父母也会与财富失之交臂，所以父母要给孩子做良好的榜样，和孩子一起，把家里所有的金钱都充分地利用起来。

妈妈可以送给孩子储钱罐

传统的理财观念告诉我们，在进行消费的时候，一定要坚持量入为出的原则。所谓量入为出，就是根据自己收入的情况来进行合理的消费，这样还能够把富裕出的一部分钱积攒起来。中国人的传统就是喜欢存钱，似乎只有存储很多钱，人们才会获得安全感，在面对生活的时候才会感到非常的踏实。这种传统的观念是非常正确的，在现代社会中有很多人都坚持超前消费、透支消费，尤其是年轻人很多都是不折不扣的月光族，更有甚者还把信用卡的额度都用光了。这是非常糟糕的消费行为。伟大的成功学大师拿破仑·希尔曾经说过，不管是谁，只有存钱才能够获得成功的基本条件。这充分说明了存钱的重要性。

当然，孩子并没有赚钱的能力，他们只能够用父母给他们的零花钱进行储蓄，因为零花钱本来就比较少，而孩子又很容易受到各种东西的诱惑，所以他们会买各种各样的东西。在这种情况下，如果父母不能够积极地培养孩子储蓄的好习惯，那么，孩子很有可能会把父母给他们的所有零花钱都花掉。这对于孩子而言当然不是一个好行为，所以父母一定要重视对孩子储蓄习惯的培养。

如果父母本身就习惯超前消费，而且花钱大手大脚，很喜欢挥霍浪费，这对于孩子的成长来说是极其不利的。对于孩子来说，他们要规划自己以后的人生，就要有金钱作为基础，如果父母想要对孩子进行储蓄教育，首先就要调整自己的消费态度，改变自己的消费习惯，这样才能够对孩子起到榜样作用。

作为美国历史上唯一连任四届的总统，罗斯福不但治理国家非常成功，而且在教育孩子方面也有独到的地方。

作为美国总统，罗斯福当然有权有势，原本可以给孩子创造一帆风顺的生活环境，但是罗斯福对孩子的要求非常严格，他坚决反对孩子依靠父母生活，也从来不给孩子任何多余的资助。他只为孩子们提供最基本的生活条件，如果孩子们想要得到更多的享受，或者是想要得到更多的金钱用于消费，那么他们就必须自己想办法。

罗斯福的大儿子詹姆斯在就读大学期间，和同学们一起去欧洲旅游。罗斯福很支持孩子去欧洲旅游，认为这可以开阔孩子的眼界，因而他给了詹姆斯旅游经费。在欧洲旅游期间，詹姆斯看中了一匹骏马，这匹马价格不菲，他便擅自调用旅游经费买下了这匹马。这样一来，他接下来的旅行就没有旅费了，他面临着不能回家的窘境。为此他发电报给父亲，想让父亲给他寄钱，让他买机票回家。收到儿子的电报之后，罗斯福并没有马上给儿子寄钱。得知儿子买马是想骑马拍广告赚钱，罗斯福为儿子的赚钱意

第四章
君子爱财，取之有道，让孩子认识多种生钱渠道

识点赞，但是他并不会因此就纵容孩子无度消费，或者是进行一些计划外的消费。他当即给儿子回了电报，建议儿子游泳回到美国。看到父亲回的电报，儿子知道父亲并不赞同自己随随便便乱花钱的做法，所以他当即就把那匹马卖掉了，然后买了船票，按照原计划和同学一起乘船回到了美国。

回到美国之后，罗斯福并没有对詹姆斯冲动消费的行为作出批评，而是给了詹姆斯和其他孩子每人一个储钱罐。他告诉孩子们："如果有多余的钱，可以放到储钱罐里储备起来，留作以后发展事业的储备金。但是如果总是这样冲动消费，那么储钱罐里永远也没有钱，而且有可能因此而负债累累。"詹姆斯非常聪明，他理解了父亲的用心良苦，从此之后，他再也不会冲动消费，而是会在消费之前做好计划。每当花钱有了结余之后，他就会积极地储蓄。

我们也可以学习罗斯福的做法，送一个储钱罐给孩子，帮助孩子养成良好的储蓄习惯。每个人不管是有钱还是没有钱，要想理财都要从储蓄开始。因为如果没有钱财，那么就无所谓理财。一个小小的储钱罐虽然看起来不起眼，实际上却蕴含着父母教育孩子的大智慧。如果父母尽早地送储钱罐给孩子，孩子就会尽早形成理财的意识，也会养成储蓄的好习惯，这对于孩子提升财商是极其有好处的。

那么，父母如何才能培养孩子储蓄的好习惯呢？具体来说，送给孩子储钱罐只是帮助孩子主动储蓄的第一步。接下来，父母还要做好以下几点。

首先，可以为孩子买三个储钱罐。为什么孩子需要三个储钱罐呢？这

是因为每个储钱罐都有不同的用途：一个储钱罐用来储备长期的钱，这些钱父母可以给孩子存在银行，也可以让孩子放在储钱罐里。这些钱大概率不会在短期内被动用。第二个储钱罐可以用来储存短期使用的钱，这些钱可以用来买一些相对比较贵重的东西，属于日常生活中的大额开销。第三个储钱罐可以用来储备随时取用的钱，这些钱是用于日常零用的，所以把钱放在这里就可以随用随取。对于这三个储钱罐，要让孩子坚决遵守规矩，进行分类储蓄，这样孩子才会对钱有更好的分类，使不同的钱派上不同的用场。

其次，在送给孩子储钱罐之后，父母不要任由孩子自由储蓄，而是要引导孩子坚持储蓄。如果能够让孩子每天坚持存钱，那么孩子很快就会养成储蓄的好习惯。当然，孩子并没有那么多钱往储钱罐里放，所以不要求孩子一定要往储钱罐里放多少钱，可以是1角钱，也可是1元钱。只要每天坚持这么做，日久天长，积少成多，储钱罐里就会积累很多的钱，这是一种习惯的养成，远远比存具体的金额更加重要。

最后，当孩子的储钱罐变得越来越沉重的时候，父母可以和孩子一起来清点储钱罐里的钱。这样，孩子就可以亲眼见证自己的坚持取得了多么丰硕的成果。这个时候，再借机对孩子进行教育，让孩子养成节约零花钱的好习惯，孩子自然就会更加信服父母的话，他们甚至还会为自己定一个小目标，即要在多长时间内积攒多少钱。虽然这个目标不起眼，但是父母一定要积极地鼓励孩子，因为孩子的财商培养是循序渐进的，孩子只有积极地实现小目标，才能够渐渐地实现更大的目标。

任何的储蓄都是积少成多、聚沙成塔的过程，这正是储蓄的本质。如果我们突然之间就有了很大一笔钱，并且将其存起来，那么这不算是真正意义上的储蓄。普通人家过日子都是要细水长流的,储蓄就是要从每天的细水长流之中,拿出一部分钱来进行长期的规划,作为家庭的储备金使用,所以储蓄的意义是非常重大的。如果孩子还小,缺乏自控力,那么父母可以强制要求孩子进行储蓄。例如,送给孩子的储钱罐是无法打开的储钱罐,很多陶瓷制的储钱罐就是不能打开的,在这样的情况下,孩子把钱放进去,即使想拿也拿不出来,就起到了强制储蓄的作用。

总而言之,孩子良好的储蓄习惯的培养离不开父母的坚持和努力,父母一定要告诉孩子储蓄的重要意义,也要让孩子在储蓄的过程中形成理财的意识,这对孩子的成长是非常重要的。

让孩子学点销售，知道赚钱的不易

随着孩子对金钱的兴趣越来越浓，父母要让孩子知道，要想赚钱就必须付出劳动。在动画片《神偷奶爸》中有个情节，小女孩们为了赚钱挨家挨户地推销饼干，每一家都买了一些饼干。但是有一个奇葩的奶爸，却拒绝了小女孩儿的销售行为。很多父母都对孩子上门推销这种行为表示不理解，而实际上，在西方国家里，孩子上门推销的这种行为非常常见，因为孩子可以借助这样的方式体会赚钱的辛苦，同时知道自己应该如何赚钱。坚持这么做，孩子就会更加珍惜钱。

大多数父母一边抱怨孩子不知道珍惜钱，一边却又为孩子提供所有的衣食用度，在这样的情况下，孩子怎么可能了解赚钱的辛苦，又怎么可能珍惜金钱呢？唯有让孩子知道赚钱很辛苦，让孩子知道钱不是大风刮来的，孩子才会对金钱有更加重视的态度。现实生活中，很多父母都把孩子保护得特别好，他们不舍得让孩子去做一些求人的工作，尤其不想让孩子过早地接触社会，更不想让孩子沾染铜臭气。其实父母主观的意愿并不能够阻止孩子去做很多事情，因为孩子在成长过程中必然要经历这些阶段。与其让孩子被动地接受成长带来的改变，不如让孩子积极主动地去尝试这些事情，这样孩子反而会在挑战自我的过程中感受到更多的快乐，也能够在父母的引导下取得更好的成果。

乐乐今年七岁，妈妈为他报名参加了小记者的活动。正在读二年级的乐乐在小记者的活动中表现得非常积极，每到周末，他就会报名参加卖报纸。在人流量多的地方，他拿着报纸一路询问，有的时候会遭到路人的拒绝。一开始他会觉得很沮丧，但是渐渐地，他明白了只要是卖东西，被拒绝就是不可避免的，也就接受了这样的过程。后来他卖报纸的营业额越来越大，他获得了很大的成就感。有一天，乐乐卖出去了50份报纸，赚了50元钱。平时卖报纸回家的路上，他总要吃一个冷饮，这次妈妈提议说："你今天赚了这么多钱，自己花钱买个冷饮吃吧！"出乎妈妈的意料，乐乐并没有像往常一样吃冷饮。妈妈问乐乐："你为什么不吃冷饮了呢？"乐乐说："因为这个钱赚得很辛苦，我不想把这个钱花掉！"听到乐乐这样的回答，妈妈感到很欣慰。

有一个周末没有卖报纸的活动，妈妈带着乐乐整理了家里的各种玩具，拿到小区广场上去卖。这些玩具都是乐乐小时候玩过的，一开始面对小区里的邻居们卖玩具，乐乐很不好意思，但是后来想起自己卖报纸的经历，他拿着玩具开始四处兜售，让妈妈帮他看好摆满玩具的地垫。就这样，乐乐卖出去十几个玩具，虽然每个玩具只卖1元钱，但是在此过程中，乐乐获得的成长却不是金钱能够衡量的。

有了这样的经历，乐乐明显对钱看得更重了。他不会再随随便便就花爸爸妈妈的钱，也不会觉得钱来得很容易。有的时候，爸爸妈妈想让他买一些值钱的玩具，他还会拒绝："我玩家里的玩具就好！"看到乐乐有这样的进步，爸爸妈妈都觉得非常高兴。

孩子如果从来没有自己赚过钱，那么他们就不会知道赚钱的辛苦，也不会珍惜钱。父母在孩子成长过程中，可以给孩子创造一些机会，让孩子亲身感受到赚钱的辛苦，也让孩子知道，赚钱不是一件容易的事情。在此过程中，孩子自然会树立正确的金钱观，也会更勤俭节约。对孩子来说，这是难得的成长机会。

当然，在此过程中，父母首先要摆正心态，不要觉得让孩子去销售东西是不好的行为。对于孩子来说，这是一次难得的锻炼，也是一次难得的成长。所以，父母要积极地鼓励孩子去兜售一些东西。在西方国家，孩子们常常上门兜售东西。鼓起勇气敲开陌生人的门，这对于孩子而言是一个巨大的挑战。但是当孩子真正这么做的时候，他们就会感到非常有成就感。父母要给孩子做好榜样，如果发现孩子有一些胆怯，可以陪着孩子一起去做，也要给孩子做出积极的示范，这样才能给孩子强大的助力。

让孩子偶尔做一做有偿家务劳动

说起让孩子赚钱，很多父母都会觉得纳闷：孩子还这么小，哪里会赚钱呢？也没有地方敢雇佣童工啊！的确，如果让孩子通过社会上的渠道赚钱是很难的，毕竟孩子还小，但是父母可以创造各种机会给孩子赚钱。例如，对于家务劳动而言，虽然每个家庭成员都有义务承担一定的家务活动，但是大多数父母都会把家务活都做完，根本不让孩子沾手家务活，这样会使孩子缺乏主人翁意识，也会让孩子养成懒惰的坏习惯。如果父母能够改变思路，让孩子积极地去做家务活，不但能够提升孩子的自理能力，还能够让孩子在此过程中获得自信。当然，对于那些义务范围之外的家务活，父母也可以给孩子一些报酬，这样孩子不就有了赚钱的机会了吗？

父母可以把家务分为义务劳动和有偿劳动。所谓义务劳动，就是每个家庭成员都应该无偿去做的劳动；所谓有偿劳动，主要是针对孩子而言的。为了让孩子更主动地做一些家务活，也让孩子感受到赚钱的辛苦，父母可以把一些难度相对更大的家务活承包给孩子。例如，在西方国家，父母会让大一些的孩子负责修理草坪，让小一些的孩子负责为家里洗刷碗筷，同时给孩子一些小额的零花钱作为报酬。这会让孩子特别有成就感，他们发现自己可以用劳动换取金钱，虽然会觉得疲惫，却为此而兴奋不已。

在此过程中，孩子会形成一定的自信，他们知道自己通过劳动就能够赚钱，虽然疲惫却能够实现自身的价值。当然，这样的机会是需要父母为孩子提供的，因为孩子不可能走出家门去社会上工作一整天。为了让孩子更加体会赚钱的辛苦，父母还可以带着孩子去自己工作的环境中，让孩子亲眼见证自己一天的工作，这样孩子就会对父母的辛苦和疲惫感同身受，也会知道父母在上班的过程中需要做些什么。

最近这段时间，豆豆很想要一个昂贵的玩具，但是这个玩具不是必须购买的，所以妈妈不愿意出购买玩具的钱。豆豆呢，又不愿意把自己所有的零花钱都用于购买这个玩具，思来想去，她只好放弃了这个玩具。但是她一直惦记着买这个玩具，很不快乐，看到豆豆闷闷不乐的样子，妈妈想出了一个好办法。

一天晚上吃完饭之后，妈妈问豆豆："豆豆，你愿意赚钱吗？"豆豆听到赚钱忍不住两眼冒光，她问妈妈："赚的钱够我买玩具的吗？"妈妈说："一次赚的钱虽然不够，但是只要你坚持去做，多做几次，多积攒一些钱，应该就够了。"听到妈妈的话，豆豆感到兴奋不已，她问妈妈："那我能做什么呢？我什么也不会做呀！"妈妈说："今天晚上就由你来洗碗吧，以后你每天晚上洗碗。你洗一次碗，妈妈给你5角钱，好不好？"豆豆听说洗碗可以得到5角钱，兴奋得又蹦又跳，她当即就去洗碗。虽然豆豆洗碗洗得并不好，但是妈妈一直在鼓励豆豆。在妈妈的鼓励下，豆豆坚持洗碗，把碗洗得越来越好，越来越干净。渐渐地，豆豆已经习惯了每天吃完饭洗碗这项工作。一个月下来，豆豆居然赚到了15元钱。豆豆拿着妈妈给她的15元钱，兴奋地说："妈妈，那个玩具是150元钱，我只要洗10个月碗，就可以买到那个玩具了。10个月还不到1年呢，1年有12个月！"妈妈点点头，对豆豆说："是啊，爸爸妈妈要买一些很贵的东西，也需要攒钱。例如我们买家里的那个大电视，就攒了好几个月的工资，因为工资并不能都用来买电视，还要用来给你买饭，买衣服，家里还要交物业、水电、燃气费，所以只能把剩下的钱攒起来，最终才有足够的钱买那个大电视。"豆豆点点头说："我一定会像爸爸妈妈一样攒钱的！"

辛辛苦苦积攒了10个月，豆豆终于有了钱，买下了那个喜欢的玩具。对于这个玩具，豆豆并不像对其他玩具那样喜新厌旧，只玩了一会儿就不想玩儿了。她一直在玩这个玩具，嘴中还念念有词地说："哇，10个月，我终于买到了心爱的玩具。"后来，这个玩具成为了豆豆最喜欢玩的玩具。

对于豆豆来说，这个玩具来之不易，所以她也会加倍珍惜。在此过程中，她对于钱的概念也会越来越清晰，她知道要想买东西必须先通过劳动赚钱，再把钱财聚少成多。这样一来，她怎么还会随意地挥霍钱，买各种乱七八糟的东西呢？

培养孩子的财商不是一件可以一蹴而就的事情，必须要付出足够的耐心，要给孩子普及理财的知识，这样才能够让孩子的财商越来越高，也才能够让孩子真正成为金钱的主宰。

告诉孩子什么是银行并为孩子开设银行账户

现实生活中,孩子对于哪个零食好吃、哪个玩具好玩、哪个动画片好看都一清二楚,但是对于成年人的生活里每个人都需要接触的银行,孩子却非常陌生。要培养孩子的财商,父母就要教会孩子认识银行,也可以为孩子开设银行账户,加深孩子对于银行功能的理解。

如果说孩子用储钱罐来进行储蓄,那么,父母就是用银行来储蓄的。银行就是父母的储蓄罐,银行也是世界上最大的储蓄罐。在培养孩子理财能力的过程中,父母可以给孩子讲一些关于银行的知识,相信很多孩子对于银行都非常好奇,因为他们从小到大很多次看到父母去银行里存钱、取钱,他们可能不知道父母为什么总能从银行里取出钱来,甚至以为只要没有钱就可以去银行里拿。早一些对孩子普及银行的知识,让孩子知道银行的职能,这对培养孩子的财商是大有好处的。

1897年,我国拥有了第一家银行——中国通商银行。银行是经济发展的产物,商品经济的发展促进了信用制度的发展,所以银行作为发挥信用中介职能的机构得以广泛存在，银行主要经营存款、放款、汇兑、储蓄等金融业务，与老百姓的生活密切相关。要想培养孩子的财商，就要让孩子认识银行，毕竟孩子在理财的过程中也要多多地与银行打交道。当孩子有了一定数额的金钱之后，父母还可以为孩子开设银行账户，让孩子把钱存在银行里。当孩子看到自己拥有的钱越来越多的时候，他们就会具有更强的理财意识，这样父母才能事半功倍地培养孩子的财商。

最近这段时间，明明对于银行非常感兴趣，他总是不理解爸爸妈妈为什么每次去银行都能取出来钱。有一次爸爸妈妈没有钱买东西了，明明很轻松地对爸爸妈妈说："没钱就去银行里取呗！"妈妈忍不住笑起来，对明明说："如果我们没有钱，那就说明银行里也没有钱了，怎么能取出来呢？"明明很纳闷地问："为什么银行里会没有钱呢？银行里应该有很多很多钱呀！"爸爸耐心地对明明解释："银行的确有很多很多的钱，但是那些钱不是属于我们的，如果我们没有钱放在银行里，却要去银行取钱，那就只能向银行借钱，银行是会收利息的。意思就是，我们还钱的时候要多还一些给银行作为好处。"明明更纳闷了，说："那么你们不要把钱存在银行了，放在我的小猪存钱罐里，好不好？我的小猪存钱罐里也能放很多钱，这样在花钱的时候就不用去银行里拿了。"爸爸又对明明说："把钱放在小猪存钱罐里，并不会生出利息来。我们把钱放在银行里，银行也会给我们一定的利息，当我们想用的时候就可以把钱取出来，这样我们的钱就可以变得更多。"

明明显然不理解爸爸的话，他陷入了沉思，过了许久才对爸爸说：

第四章
君子爱财，取之有道，让孩子认识多种生钱渠道

"我明白了，银行就像一只鸡，利息就是鸡蛋。如果把钱放在银行里，钱就总是会下蛋，但是放在我的小猪储钱罐里，钱却不会下蛋。"爸爸忍不住夸赞明明说："明明可真聪明，解释得非常形象。"爸爸说："不过，放在银行里的钱也未必能够下出很大的鸡蛋来，这要看我们在银行里放多少钱。当然，当我们没有钱的时候，如果我们通过了银行的审核，银行还会借钱给我们，不过银行借给我们的钱会收取更大的鸡蛋，而我们把钱存在银行里，银行会给我们一个比较小的鸡蛋。这样一来，银行就能够通过存钱借钱赚取一定的利润。"明明对爸爸所说的话感到费解，并不能够完全理解爸爸的意思。爸爸决定为明明开一个银行账户，让明明亲眼见识到他的钱是如何生出利息的。说干就干，爸爸拿着身份证，带着明明和明明的户口本，又拿着明明仅有的5000元钱去银行存了起来。爸爸为明明存了三个月的定期。三个月的时间很快就到了，明明迫不及待地盼着钱到期的日子。到期之后，明明看到自己的存折里果然不止5000元钱，他激动得又蹦又跳，虽然利息的金额很少，但这可是凭空长出来的利息啊！明明突然想起了什么，问爸爸："那么如果我们借银行的钱用，我们要付多少利息钱给银行呢？"爸爸说："大概相当于你得到的利息的三倍。"明明恍然大悟："那么银行就可以赚取两倍的利息！"爸爸点点头，说："银行也要生存呀，如果银行没有收入，那怎么存续下去呢？所以银行也要以这样的方式赚钱啊。"明明对于银行有了初步的了解，他说："以后我买房子也可以跟银行借钱，就像你跟妈妈买房子从银行借钱一样。"爸爸由衷地点点头说："前提是银行要审核你是否有还款的能力，如果银行认为你没有能力还钱，是不会借钱给你的。"

现代生活中，有谁不需要和银行打交道呢？小到存钱取钱，大到买房贷款，再到从银行抵押贷款得到资金来发展事业，每个人都要和银行打交道。对于孩子来说，早一点了解银行的职能，让孩子知道银行的功用，对于培养孩子财商是很有好处的。在带着孩子认识银行的过程中，父母要让孩子认识银行并了解以下与银行相关的概念。

第一点是利息的概念。要让孩子知道，不管是在银行里存钱还是取钱，或者是从银行借钱，都会涉及到利息。当孩子知道了银行赚取利润的方式，他对于利息的理解就会更加深刻。

第二点就是让孩子学会如何查看银行账户里的余额。这样一来，孩子就会知道自己的银行账户里有多少钱，也会知道如何来运用这些钱。当孩子初次看到自己存在银行里的钱有了利息，他们一定会非常兴奋，对于储蓄也会更加感兴趣。

第三点就是银行的管理费用。孩子的钱一般不会是很大额的，由于金额比较小，所以银行可能会收取一定的管理费用。很多银行都有小额账目管理费，如果孩子对于支出这笔管理费非常心疼，父母要给予孩子正确的引导，毕竟银行是为我们服务的，收取一定的费用也是合理的，这样才能让孩子形成正确的消费观。

第四点就是帮助孩子了解银行的性质。银行是信用单位，人们之所以选择把钱存在银行里，是因为大家很相信银行。孩子很有可能担心银行是否会出现倒闭的情况，导致存在银行里的钱拿不出来。事实上，银行信用危机是国家层面的事情，国家一定会出手干预的，要让孩子相信银行的实力。

在孩子了解了银行的一些知识后，父母就可以带着孩子把钱存到银行里。在此过程中，还可以让孩子练习如何存款、取款，让孩子对于利息的概念了解得更加深入。千万不要觉得琐碎，因为孩子正需要这样反复练习，才会对银行的业务更加熟悉。父母可以陪伴着孩子一起去办理这些事项。当然，为了让孩子具有更强的理财能力，父母还要和孩子约法三章，即对于银行里存储的大额存款，孩子要合理消费和使用。这样一来，孩子才会增强自控力，控制好自己花钱的冲动，能够让自己驾驭金钱。

第五章
投资之道，妈妈这样教会孩子钱生钱的风险与机遇

做很多事情都离不开金钱，但是如果我们只是把钱放在家里，每天清点来清点去，或者只是把钱放在口袋里保存起来，甚至是把钱存在保险柜里时不时地看一眼，那么金钱是永远不会增加的。我们的钱除了赚来的，还应该是投资得来的。合理的投资会让金钱持续地生出利息，这样我们除了可以赚钱，还可以以钱生钱，自然就会财源不尽。父母在培养孩子财商的时候，除了要让孩子懂得储蓄之道，同时还要让孩子学会投资。只有双管齐下，孩子才能变成真正的财富神童。

尽早培养孩子的投资意识

一个人如果从来没有想过要用钱来生钱,那么他们又怎么可能做到投资理财呢?现实生活中,很多人看到别人发家致富,突然之间创造了大量的财富,总是感到非常遗憾,说:"如果我知道这个项目能赚钱,我也会去做这个项目,我甚至能够借钱去做这个项目,到时候再把本金还回去不就得了,哪怕付利息也很划算呀!"这种马后炮的行为是一点作用都没有的,因为真正的财富机会出现在创造出财富之前,如果等到别人都已经从某一个项目中赚取了很多钱,大家都跟风而至,你再去做这个项目赚钱,就已经晚了。

很多普通人都没有投资意识,是因为他们觉得自己的钱很少,认为只有拥有大量财富的人才有资格投资,其实这样的想法是完全错误的。拥有大量财富的人即使不投资,也有很多金钱可供支配,而作为普通人,拥有的钱本来就很少,如果再不注重投资,就会导致自己的钱越来越少。尤其是在通货膨胀非常严重的现代社会中,同样的钱放在这里,随着时间的流逝，购买力会持续下降，钱在无形中贬值。所以我们理财的目的不仅仅是为了赚钱，也是为了让财富保值。由此可见，投资意识是非常重要的，所谓的投资意识和富人思维非常相似，一件事情人们只有先想到才会努力去做，如果连想都没有想到，又怎么去将其变成现实呢？父母在培养孩子财商的时候，要有意识地培养孩子的投资意识，最好能够让孩子的投资意识不断增强，这样才能够实现财富的增值。

在达拉斯市街头，有一个年轻人捡到了一个红彤彤的大苹果，这个苹果看起来非常诱人，没有任何的瑕疵，颜色也非常鲜艳。他虽然非常饥饿，但是他舍不得吃掉这个苹果，而是拿着这个苹果进行了交换。当时有一个小男孩手里有彩笔和绘画用的硬纸板，正坐在街头写生，这个年轻人就用这个苹果和小男孩换了十张硬纸板，还换了两支彩笔。接下来，他做了一件什么事情呢？他当然不是因为对绘画非常热爱，所以才会做出这样的举动，他是想要用这个方法来为自己赚钱。

他拿着十张硬纸板和两支彩笔去了车站。车站里有很多人都在等着接站，有一些人认识自己所接的人，有一些人并不认识自己所接的人。到了人潮拥挤、人流摩肩接踵的车站后，他们无法在第一时间就找到自己要接的人，又不能大声吆喝，所以他们急需接站牌。就这样，年轻人以每个接站牌一美元的价格，把十张硬纸板都变成了接站牌，卖出了十美元。他手里还剩下两支没有用完的彩笔呢！这让年轻人发现了创造财富的契机。接下来的两个月里，他用赚到的十美元不停地循环制造接站牌，就这样，他的财富如同滚雪球一般越滚越大。正是这个看似不起眼的生意，让年轻人积累了人生中的第一桶金。这个生意做起来很轻松，因为并不需要投入很多成本，只需要购买一些硬纸板，再买一些彩笔就可以。但是这个生意却非常受欢迎，尤其是在车站这样的地方。

经过一段时间的积累之后，年轻人拥有了5000美元的初始资金，他用这5000美元买下了郊区一个地处偏僻的小旅店，从此之后开始经营旅店。年轻人很有生意头脑，也有投资的意识，在短短的时间里，他就拥有了5万美元，后来他用这5万美元买下了大街上的一块儿土地，又用这块土地去银行贷款，借到了更多的钱。当然，他不只靠着自己努力，也会去寻求投资，最终他成立了大名鼎鼎的希尔顿酒店。

看到这里，你们一定知道这个年轻人的名字了，没错，他就是世界连锁的希尔顿酒店创始人希尔顿。希尔顿酒店遍布世界各地，逐步发展成为希尔顿帝国，谁能想到它的创始人是从一个苹果起家的呢？更让人难以置信的是，年轻人从身无分文的时候捡到一个苹果，到拥有十几亿美元的巨额资产，只用了17年的时间。回想起自己创造希尔顿酒店的经历，希尔顿并不觉得心潮澎湃，反而非常平静。他说："上帝总是公平的，对于卑微者，上帝也会给他机会。重要的是，我们要抓住这些机会！"

不得不说，希尔顿的财商非常高，而且他拥有很强的投资意识。很多饥肠辘辘者在捡到美味的食物时，可能第一时间就会把这些食物吃到肚子里，他们绝不会忍受着饥饿去用这些食物换取更多赚钱的机会。但是希尔顿做到了，所以他才会有今天的成就。

投资意识不是天生的，需要通过后天培养才能够渐渐形成。父母要抓住每一个机会，培养孩子的投资意识，这样孩子才能够让财富如同滚雪球般积聚起来。那么，父母如何才能培养孩子的投资意识呢？

首先，父母要让孩子树立正确的投资理财观念。一定要让孩子知道并非有钱人才能够投资理财，普通人也可以利用自己手中的一些小钱进行投资。所谓积少成多，这些小钱得到的回报虽然小，但是长期坚持去做，就能够逐渐积累成巨大的财富。

其次，父母自己要学会一些投资理财的知识，这样才能够渗透给孩子。有些父母本身从来没有进行过投资理财，那么就会局限孩子投资理财的眼界，只有父母成为投资理财的达人，才能够给予孩子更多的启发和引导。

最后，要让孩子形成正确的投资理财的观念。父母一定要告诉孩子，所谓投资理财绝不是一夜暴富，没有人会有那样的好运气，在一觉睡醒之后，就从穷人变成了富翁。每一个富翁都需要积累点点滴滴的财富，才能够真正富裕起来。那么，在投资理财的过程中，父母要为孩子树立生活的目标，也要让孩子树立远大的志向，让孩子在努力奋斗的过程中发挥资金的作用，以正确的投资理财观念指导投资行为，继而获得收益。投资理财有可能遭遇失败，所以父母要让孩子学习更多的知识，积累投资理财的经验，同时勇敢地承担投资理财的风险。

开阔孩子的视野，避免孩子唯钱是亲

说起投资，每个投资者都希望自己能够获得很大的收益，尤其是孩子，在刚刚开始接触投资的时候，更是希望自己的投资能够获得巨大的收益。那么投资真的能够稳赚不赔吗？当然是不可能的，别说是初次涉及投资的毛头小子，就算是巴菲特那样的投资之神，也很难保证自己的每次投资都能够赚到利润。

在培养孩子财商的时候，父母要让孩子对于投资的知识有更多的了解，但是一定要避免孩子陷入唯利是图的投资陷阱中。否则，孩子只追求利益，会使自己陷入非常被动的状态之中。培养孩子的财商要为孩子长远考虑，要让孩子有远见卓识，而不要让孩子只顾着赚钱。虽然投资的目的是赚取利润，但是利润绝不是投资唯一的收获。

因为父母都是做生意的，所以帅帅虽然才九岁，但是已经懂得了很多关于投资的知识，诸如保险、股票、基金等，他因为经常听到父母说起，所以都有所了解。因为对这些方面感兴趣，他还主动阅读了一些这些方面的书籍。对于孩子而言，最好的教育就是家庭教育，当同龄人都对钱还没有太明确的概念时，帅帅已经开始跟着父母买一些股票了。这是因为帅帅经常看到父母买股票、基金和保险，所以对此也产生了浓厚的兴趣。在培养帅帅的财商时，父母告诉帅帅，聪明人一定要抓住各种机遇，让钱变成生金蛋的母鸡。听到父母这样的话，帅帅总是非常兴奋，他梦想着自己能有一大群母鸡，每天都给他生很多金蛋。

因为家庭潜移默化的影响，帅帅对于钱的兴趣空前高涨起来。他几乎每时每刻都在思考如何才能抓住机会赚钱。其实帅帅并不缺零花钱，但是他对金钱的欲望很强烈，他希望拥有更多的钱可以支配。有一段时间，帅帅购买了一些小商品去学校里，利用课间卖给同学们，导致课间秩序非常混乱因此帅帅的行为，被老师制止了。看到这个生财之路断了，帅帅又想出了一个新的赚钱方法，那就是帮同学写作业。他为所有的作业明码标价，如写语文作业3元钱，英语作业4元钱，数学作业2元钱。看到帅帅居然卖起了作业，同学们都觉得很新鲜，有一些学习成绩不太好的同学正愁没有人帮他们分担作业呢，正好抓住这个机会让帅帅帮他们写作业。

自从做了这个生意，帅帅每天晚上都写作业到很晚，而且因为着急，所以字迹非常潦草。看到班级里有一部分同学的作业质量急速下降，老师感到很纳闷，在对比之后发现这些孩子的作业都是帅帅的笔迹。了解情况之后，老师狠狠地批评了帅帅，并且让帅帅的父母到学校里面谈。

听说帅帅以这样的方式赚钱，父母其实觉得很有趣，但是看到老师气得面色铁青，父母又不敢公然地在老师面前表现出好笑的样子，只有勉强压抑住想笑的冲动。在老师的一番教育下，父母才意识到问题的严重性，意识到帅帅不仅扰乱了班级里正常的秩序，而且也使自己的作业质量急速下降。回到家里，父母严厉地批评了帅帅，妈妈甚至因为生气把帅帅的作业本都撕了。妈妈对帅帅说："家里不缺你吃，不缺你穿，你想赚钱，这是好事儿，但是一定要通过正当的途径。你帮同学们写作业，不但耽误自己写作业，还把人家作业写得乱七八糟，让他们在学习上出现了巨大的退步，你这可真是害人害己啊！"帅帅说："但是，我付出了劳动啊！"妈妈说："你的确付出了劳动，但是并不是所有的劳动都可以有偿标价，例如同学之间要互相帮助。如果同学有不会的题目，你可以讲给同学们听，却不要因此向同学要钱，否则同学的情谊就会变了味道。"在妈妈苦口婆心的教育下，帅帅终于意识到有些生意可以做，有些生意不能做。

从表面上看，帅帅似乎很会赚钱，财商很高，但实际上他已经进入了赚钱的误区，他不知道自己应该通过怎样的途径赚钱。最开始的时候，他通过贩卖小商品给同学赚钱，这是一个比较正当的赚钱方式，只是用错了地方，因为校园里不是做生意的地方。后来，帅帅居然想出帮同学写作业这种赚钱方式，这对于学校的教学产生了非常恶劣的影响。

在培养孩子的财商时，父母要让孩子对于投资有正确的认知。有些投资渠道是正当的，可以获取很大的利润，有些投资渠道却是歪门邪道，孩子是一定要避免的。在投资的时候，还要让孩子学会承担风险。既然是投资，一定会利益与风险并存，如果赚了钱，孩子会非常开心，如果损失了钱，孩子会不会过于伤心？只有正确地对待投资，才能够让投资起到预期的效果。

　　当然，孩子还小，他们主要的任务是健康成长，是搞好学习，所以父母固然要培养孩子的财商，但也不要让孩子的心里只剩下钱，让孩子一心一意只想往钱眼里钻，这样会对孩子的成长起到负面的作用。

贷款买房是否划算

随着房市的大热，贷款买房的人越来越多。从传统的观点来看，父母并不希望孩子借钱生活，尤其是买房需要贷很多钱，这对孩子来说是一种很沉重的压力。但是现实却逼得人不得不贷款买房，这是因为一套房子价值不菲，即使集合几家人的力量，也未必能够付出房子的全款。但是传统的观念又使我们不愿意租房居住，总觉得有一种漂泊的不安全感，所以但凡是能付得起首付的人都想要贷款买房，每个月辛辛苦苦地赚钱还很高的月供，这样反而觉得心里更踏实。

父母为了给孩子提供更好的生活，为了买房子，已经吃足了苦头。他们作为普通的工薪阶层，很难再为孩子准备一套房子。那么，在父母把孩子供养长大，让孩子读完大学之后，孩子就也需要独自面对高昂的房价了。与其让孩子对于房子没有概念，还不如让孩子早一些接触房子的问题，早一些了解社会的现状，这样对于孩子来说反倒是一个循序渐进的过程，会让他们更容易接受高昂的房价和残酷的现状。

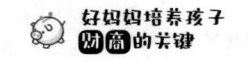

那么，什么是贷款买房呢？要想了解贷款买房，先要了解什么是贷款。贷款是银行、信用合作社等机构借钱给用钱的单位或个人，一般规定利息和偿还日期。贷款有各种不同的方式，也会有相应的利息。作为买房者来说，贷款就是以自己所买的房产作为抵押。如果长期还不上月供，那么房产就会被银行收取，进行拍卖。对于买房者来说，这当然是最糟糕的结果。所以在贷款买房之前，买房者一定要衡量自己的经济收入情况，在自己每个月的收入与要还的月供之间进行一定的权衡，从而取得一个合理的比例，切勿做自不量力的事情。如果房子买了，但是却被银行收回拍卖，只会更让人伤心。

当家里面临买房这件大事的时候，父母应该和孩子商量。在此过程中，孩子会听到父母说起贷款的利息等问题，知道贷款买房需要付出很高的利息。以30年期为例，本金和利息几乎处于相等的状态，这意味着买房人要支付双倍的本金，其中一倍的本金是作为利息还给银行的。在这样的情况下，买房是否划算就成为很多买房者关心的问题，当听到父母再三讨论贷款买房是否划算的时候，孩子也会进行思考。那么，如果孩子提出相关的问题，父母应该积极地回答孩子，而不要限制孩子。有些父母总觉得孩子是在给家里添乱，毕竟孩子还小，又不能够赚钱，所以他提出的一些问题，除了会让父母烦心之外，并没有太明显的作用。

然而父母却忽略了，对于孩子来说，这也是一个学习的方式。孩子不可能永远生活在自己的小家庭中，他或她早晚要成为一个社会人，在进入社会之后，孩子就需要融入社会环境之中，也做出很多相应的行为。人生的道路是非常漫长的，父母不可能永远陪伴孩子去走人生的每一条路，有一些事情需要孩子独自去承担，那么父母就要为孩子早做准备。

贷款买房是否划算要根据房产增值的情况来看，如果是在三四五线的小城市，房价涨势非常缓慢，甚至房价涨势还没有所付出的利息高，那么还不如攒钱买房呢！当然，如果有人对于攒钱买房动力不足，或者是花钱大手大脚，很难攒下来钱，那么，以贷款买房的方式逼着自己每个月给银行还钱，就相当于是在攒钱了。在很多的大城市或者是一线城市中，贷款买房当然是可行的，这是因为房子的涨幅会超过我们所付出的利息。另外，在大城市中生活会面临更大的变动，房子是一个很好的增值保值的商品，如果需要变换工作到其他城市生活，那么变卖房产也是非常方便的。很多人之所以觉得贷款买房不划算，是因为把30年贷款周期的利息都加入到房子的成本里，就会觉得房子可能升值不了那么多，而实际上有可能我们买了房子很多年之后，就因为各种原因需要变卖。在这种情况下，房子增值的部分一定高于利息部分。

虽然我们不提倡超前消费，但是对于经济杠杆的利用还是很有必要的。尤其是现在大城市里房价很高，如果只是让孩子们靠着攒钱去买房，那么有可能穷尽一生也攒不够买房子的钱。如果让孩子们早早地贷款买房，那么孩子们不但可以住在自己的房子里，还可以以还月供的方式把房贷结清，这样岂不是很好吗？最重要的是，租房住与买房住对于个人生活品质的提升所起到的效果是截然不同的。所以在买房子这个问题上，父母无须在孩子面前表现出太多的纠结。如果家里确实需要住房，也迫切地需要改善住房条件，那么父母就可以积极地贷款买房，让孩子有一个安稳的家。这样父母也可以努力工作，这对于父母来说也是一个很不错的选择。

从另一个方面来说，一件事情是否划算，并不只是从金钱方面来衡量的。全家人都有一个稳定的居所，过着安稳、幸福和踏实的生活，这可不是付出一点利息所能购买到的，这是需要家庭全体成员共同努力，做好家庭规划才能够实现的。所以，父母还要引导孩子从更多的方面来考虑问题，衡量一件事情的价值，这才是更合理的。

在大城市里还会有一些比较超值的学区房，那么在贷款买房的同时，孩子还能够有一个比较好的学校就读，会遇到更好的同学，有更好的成长环境，这岂不是一举数得！所以在考虑贷款买房是否划算的时候，不要只计算金钱这笔账，而是要综合考虑更多方面的付出与收获，也要考虑到生活的质量，这样才能够做出更明智的抉择。

第六章
杜绝乱花钱，妈妈要尽早培养孩子正确理性的消费观

在培养孩子的财商时，应该让孩子学会制订两个计划：一个是赚钱的计划，另一个是花钱的计划。当然，孩子必须先有钱，才能够计划花钱。这些钱除了是父母给他们的零花钱之外，也有可能是孩子自己辛苦赚来的钱。对于孩子而言，不管是赚钱的计划，还是花钱的计划，都是同样重要的。因为如果孩子只知道赚钱而不会计划着花钱，那么就会导致挥霍浪费。同样的道理，即使孩子非常会节省，但是却没有赚钱的能力，那么开源节流也就毫无意义。父母要注重培养孩子正确的消费观，让孩子懂得细水长流的道理，这样孩子才能够驾驭金钱。

买促销商品真的划算吗

在市场竞争如此激烈的今天，很多商家为了能够吸引更多的客户，往往会举办一些力度很大的促销活动。商家促销活动的方式是多种多样的，有的促销活动是以直接减价的方式进行的，有的促销活动是以满减的方式进行的，还有的促销活动是以发放优惠券的方式进行的。对于父母来说，对这些促销活动已经司空见惯了，所以对它们的抵抗能力还是比较强的。但是对于孩子来说，如果他们口袋里刚刚有了一些可以自己支配的钱，在看到这些促销活动的时候未必能够控制好自己。作为父母，要让孩子理性地看待这些促销活动，要让孩子知道这些促销活动的本质和目的是什么，而不要让孩子觉得只要购买了那些减价促销的商品就是赚了大便宜。

首先，促销活动是经常会进行的，往往是以定期进行的方式，给人们带来一定的优惠，吸引人们的关注。所以父母要让孩子知道，对于那些生活中的易耗品或者是保质期不长的商品，即使在这次促销活动中没有买，下一次促销活动也可以继续补充。

其次，有一些促销活动是名不副实的，看起来是原价比现价高很多，而实际上，他们只是把原价作为一种噱头来吸引消费者的注意，让消费者产生占便宜的心理，根本就不是真正的促销。对于这样的促销活动，是完全没有必要盲目跟风的。

再次，有一些商品的保质期是比较短的，如果因为贪便宜而买了大量的商品，却又不能够在短时间之内将其吃光用光，就会导致这些商品过期。把这些商品扔掉的话，非但没有起到省钱的作用，还会浪费大量的钱，所以在购买这些商品的时候，即使促销的力度很大，也要留心查看生产日期，按需购买，而不要盲目地为了贪便宜而购买大量商品。使用过期商品，对于身体有害，扔掉过期商品，则是浪费金钱。总而言之，都是不应该去做的。

最后，还有一些孩子贪便宜的心理很重，哪怕是对于一些自己用不上的促销商品，他们只要觉得便宜，也会想要购买。俗话说，吃亏是福，这句话是有道理的。如果总是本着占便宜的原则去做很多事情，那么往往会使自己非常被动，所以在发现有促销活动的时候，我们要衡量自己的需求，不要陷入消费冲动之中。

周末，爸爸妈妈带着小哲去超市的时候，正赶上超市进行酸奶大促销。小哲平日里最喜欢喝这款酸奶了，但是因为平时价格很贵，所以爸爸妈妈只会定量给小哲购买。这一次因为是大力度的促销活动，所以一盒酸奶的价格只相当于此前的1/3。看到这么低廉的价格，小哲非常激动地对爸爸妈妈说："爸爸妈妈，平时我们只买十盒，这次可以买三十盒，也只花

第六章
杜绝乱花钱，妈妈要尽早培养孩子正确理性的消费观

一样的价格。"爸爸妈妈对此颇有异议，觉得买太多的酸奶，有可能喝不完，但是小哲却不理解，他觉得爸爸妈妈很吝啬。这个时候，爸爸对妈妈说："既然小哲提出要买三十盒，咱们就买三十盒吧。"说着，爸爸还对妈妈使了个眼色。就这样，爸爸妈妈顺从小哲的意思，买了三十盒酸奶。到家之后，爸爸妈妈并没有喝酸奶，而是把酸奶都放在冰箱里，和以往一样让小哲一个人喝。小哲非常努力地喝酸奶，从每天喝一盒酸奶变为每天喝两盒酸奶，但是到了酸奶保质期限定的日子，还是剩下了十盒酸奶。看着剩下的酸奶被爸爸扔到垃圾桶里，小哲非常心疼，他说："爸爸妈妈。这些酸奶扔掉太可惜了！"妈妈这时才语重心长地对小哲说："当时买酸奶的时候，妈妈并不想买这么多，而是想买正常的量，但是你却坚持要买这么多，我们跟你讲的道理你也听不进去，那么现在就只能用事实来教训你了。酸奶虽然便宜，买了很多，但是如果不能把它喝光，那么就是一种浪费！你看，现在把酸奶倒掉是很可惜的。要是少买一些酸奶，既避免了浪费，我们还能借着促销的机会节省一些钱呢！"听到妈妈这么说，小哲若有所思地点点头。

孩子看到平日里喜欢的商品在打折促销难免会想要买很多，他们并没有计划，也对够消耗光这些商品的时间没有预期，这就容易造成极大的浪费。爸爸妈妈在发现小哲并不能够理解他们的建议之后，决定以事实的教训来给小哲上一课，这也是非常好的教育方法。

此外，在商场或者超市里，还会以捆绑销售的方式进行促销。他们会把一个商品和另外一个商品捆绑起来进行销售。如果捆绑销售的商品也是

我们所需要的，那么这样购买当然是比较划算的。但是如果捆绑销售的商品不是我们所需要的，只是贪图便宜而买下来，那么反而是对金钱的浪费。其实人满足吃喝拉撒所需要的商品是很少的，不要因此而陷入购物的误区之中，要能够合理地去衡量自己的需求，按需购买。这就像是在吃自助餐。吃自助餐的目的本来是为了让身体摄入充足的营养，吃饱肚子，但是如果因为太过贪婪而把肚子撑坏了，导致脾胃不和，那可就是得不偿失了。

有一些商家会借着促销活动的噱头出售一些低价劣质的商品，遇到这样的情况，父母要告诉孩子商品的质量是非常重要的，如果仅仅为了贪便宜就买一些低质的商品，那么就会在使用的时候遇到很大的麻烦，甚至损害身体。这反而是对财富的极大浪费。父母要帮助孩子养成合理的消费观，让孩子学会把钱花到刀刃上，就要让孩子学会对商品的质量提出要求，而不要任由孩子使用各种低质的商品。

总而言之，父母要告诉孩子，并不是只要有促销活动就一定要购买，首先要从自身的需求来进行考虑，按需购买，其次要衡量商品的质量。只有做到这两点，我们才能够避免因为促销活动造成经济上的巨大损失，也避免因为物质积压太多而给自己造成很大的压力。

纠正孩子大手大脚花钱的毛病

随着生活水平的提高,越来越多的孩子能够得到更多的压岁钱,而父母为了给孩子创造更好的条件,也在无形中对孩子娇生惯养,尤其是在钱财方面,父母往往会给孩子花很多钱,这使孩子养成了花钱大手大脚的坏习惯。现代社会中,很多孩子在消费方面都存在着严重的问题,例如他们花起钱来没有限度,而且并不觉得钱是值得被珍惜的。

父母想为孩子创造更好的生活条件,这一点无须指责,但是对于孩子而言,他们现在还小,并没有独立赚钱的能力,如果养成了挥霍钱财的习惯,就会造成很严重的问题。例如,很多孩子会向父母索要大笔的钱,父母如果没有能力给他们更多的钱,他们就会对父母心生怨恨。再如,有一些孩子花钱毫无限度,他们从父母那里拿到了一些零花钱之后,在很短的时间内就会把零花钱花完,或者是买一些毫无意义的浪费金钱的东西,这都会使他们对钱的驾驭能力大大降低。

父母要想帮助孩子控制好花钱的欲望,让孩子把每一分钱都花到该花的地方，就要引导孩子花钱有度，让孩子进行合理消费。世界上的好东西很多，我们不可能把所有的好东西都买回来，因此，在欲望之间，孩子还要学会取舍，这样才能够让钱花得更值得。

前段时间，刚刚过完生日的皮皮买了一辆价值600多元的玩具车。这个玩具车是皮皮很早就看上的，他一直缠着爸爸妈妈给他买，终于在生日的时候满足了愿望。但是这个周末，皮皮在跟爸爸妈妈去商场里玩的时候，又看上了一个变形金刚。这个变形金刚是进口的，价格非常贵，需要1000多元呢！皮皮缠着爸爸妈妈帮他买，爸爸妈妈当即拒绝了。爸爸对皮皮说："1000多元可是很大的一笔钱呢，对于我们家来说，可以当半个月的生活费。如果花了这1000多元，这个月的开支就超出了计划，你愿意在半个月的时间里吃糠咽菜吗？"皮皮感到很纳闷，说："我们可以用其他钱吃饭呀！"妈妈问皮皮："其他钱从哪儿来呢？"皮皮说："去银行取呀！"妈妈说："爸爸妈妈赚取的钱都是有限的，如果把银行里的钱取完了，等到真正需要用钱的时候就没有钱可以用了。变形金刚并不是必需品，你已经有了一个那么好的遥控汽车，为什么还要买变形金刚呢？"皮皮振振有词地说："变形金刚和遥控汽车是不一样的，我现在不想玩遥控汽车了，更想玩变形金刚。"这个时候在一旁的奶奶对爸爸妈妈说："孩子想要就给他买一个吧，这个钱我来出。"妈妈很严肃地对奶奶说："妈，这不是钱的问题，而是说孩子要学会合理消费。如果孩子养成了坏习惯，见到什么东西都想要，我们不可能满足孩子所有的愿望。而且如果现在这么娇纵孩子，将来有一天我们拒绝了孩子的请求，孩子还会因此而怨恨我们

第六章
杜绝乱花钱，妈妈要尽早培养孩子正确理性的消费观

呢！"听到妈妈说得有道理，奶奶不吱声了。

妈妈严词拒绝了皮皮的请求，虽然皮皮对此很难接受，而且还因此生妈妈的气，但是妈妈耐心地给皮皮讲道理。就这样，皮皮终于理解了爸爸妈妈，他再也不会索要那个奢侈的变形金刚了。

事例中，皮皮妈妈说得很有道理，一则是因为家里并没有那么多钱满足孩子所有的欲望，二则是因为如果孩子已经养成了索求无度的坏习惯，那么当被父母拒绝的时候，孩子就会对父母有很大的意见，甚至会因此而怨恨父母。这样铺张浪费的坏习惯，对孩子的一生都会造成恶劣的影响。

具体来说，父母要如何引导孩子进行合理的消费，让孩子对于金钱的花销有一定的限度呢？

首先，父母要以身作则。很多父母本身对金钱的观念没有那么强，他们在买东西的时候非常随意，常常买一些计划外的东西，这会给孩子造成很大的困扰，对孩子成长产生负面的影响。父母要想让孩子有节制地消费，自己就要先为孩子做好榜样。

其次，要引导孩子计划消费。孩子的自控力是很差的，看到很多好玩的东西、好吃的零食，他们一定会想要。在这种情况下，如果孩子不能够自主地进行分析，也不能够进行合理的取舍，那么父母就要教会孩子进行计划消费，让孩子预先制订计划。当孩子同时想要好几样东西的时候，父母可以让孩子综合分析和考虑这些东西的好坏，从而进行取舍。

最后，要培养孩子的自控力。毕竟父母不可能永远跟在孩子的身边，

控制孩子的一切花销，那么当孩子渐渐长大，自控力得以增强的时候，父母应该让孩子拥有支配权，例如给孩子一定金额的金钱，让孩子在一定时间内去消费，或者是让孩子购买一定金额的东西。当孩子不能够支配好花费的时候，或者是不能够进行取舍的时候，他们就会感到捉襟见肘，在这种情况下，父母就可以对孩子进行引导，让孩子知道钱是有限的，想买的东西是无限的，如何在这两者之间达到平衡，这是生活的智慧。

别说是孩子，就算是成人也会有虚荣心，也会有很大的欲望。面对着金钱和物质的诱惑，很多孩子都会因为无法控制自己而变得非常被动，在这种情况下，父母要做好孩子的榜样，要引导孩子在金钱消费方面有更深刻的感悟，这样孩子才能够真正地驾驭金钱，而不会被金钱所奴役。

控制消费冲动

随着网络的普及、信息的发达，我们经常会看到很多的网络新闻，其中有很多孩子玩游戏，从家里偷钱，或者是为了抢父母的钱而伤害父母的消息。每当看到这样的消息时，我作为父母，总是感到非常痛心，我们辛辛苦苦地养大了孩子，孩子却以这样的方式来回报我们，甚至是伤害我们，这是为什么呢？其实，孩子出现这样的行为之前一定是有苗头的。作为父母，如果发现孩子在这些方面有比较恶劣的表现，一定要及时引导孩子，纠正孩子的错误行为。如果孩子在这些方面表现很恶劣，那就说明父母没有及时发现不好的苗头，也没有对孩子进行引导。

很多孩子都有冲动消费的表现，例如在商场或者超市里，孩子看到美味的零食或者是喜欢的玩具，往往会央求父母为他们购买。如果父母因为觉得孩子小，也认为这些东西花不了太多的钱，就无条件地满足孩子的欲望，那么渐渐地，孩子就会形成一种错误的思想，他们觉得自己不管有什么要求都应该得到满足。随着不断成长，等到父母想要纠正孩子这样错误的行为时，却发现效果非常糟糕。父母一定要在孩子表现出冲动消费的苗头时，就给予孩子正确的引导，这样才能够循序渐进地纠正孩子错误的购物行为，让孩子能够控制购买欲望，避免冲动消费的情况发生。

几乎每次去超市购物，欣欣都会听到妈妈大呼小叫，说自己花钱又花超支了。每当听到妈妈这样抱怨，欣欣总是觉得很可笑，她常常对妈妈说："你总是马后炮，买东西的时候就像不花钱一样往口袋里装，等到买完了东西却又抱怨自己没有控制好自己。"

在妈妈的影响下，欣欣对于消费的冲动也越来越强。上了初中之后，妈妈每个月都会给欣欣一定的生活费，但是欣欣常常在半个月的时候，就把所有的生活费花完了，到下半个月的时候不得不和妈妈再索要一次生活费。对于欣欣这样的表现，妈妈感到非常不满，她对欣欣说："欣欣，你总是这样，把钱都花超了，为什么不能控制一下自己呢？如果你下次再把钱花超了，那你就下半个月只能喝西北风了！"听到妈妈的话，欣欣不以为然地说："妈妈，你就感到庆幸吧，我花钱比你可差远了。我这个月花钱花超了，是因为我买了祛痘的产品，我们班好几个同学都在用，效果还挺好的，所以我也买了。"每次把钱花超了，欣欣都能够说出很多看似正当的理由，妈妈呢，也因为自己花钱和欣欣一样不知道节制，所以并没有办法严厉地批评欣欣。

这个月才开学两三天，欣欣就把钱花完了。听到欣欣打电话来要生活费，妈妈感到非常震惊，说："三天前我不是刚给过你这个月的生活费

第六章
杜绝乱花钱，妈妈要尽早培养孩子正确理性的消费观

吗？你别告诉我你只用了三天就把生活费花光了。"欣欣哈哈大笑起来，对妈妈说："我们班有个同学过生日，我买了礼物送给同学，然后聚餐的时候我们还AA制，所以我就没钱了。"妈妈决定要给欣欣一个教训，这次她只给了欣欣很少的钱，欣欣必须吃糠咽菜，才能活过这个月，把这个窟窿给补上。欣欣对此怨气满腹，但是妈妈却对欣欣说："如果我不给你一个教训，你花钱就会越来越没有节制。不如我们做一个约定吧，以后每个月我用固定的钱来当生活费，你用固定的钱在学校里吃饭，咱们谁花超了，谁就只能吃糠咽菜喝西北风，谁也不许再超支。"听到妈妈这么说，欣欣没有办法再反驳，只好说："好吧，那如果你能做到的话，我也只能努力做到了。"在妈妈和欣欣展开竞赛之后，欣欣花钱超支的情况有了很大的好转，妈妈呢，也不再那么冲动购物了，因为她要做欣欣的好榜样！

孩子原本就缺乏自控力，尤其是在面对物质的诱惑时，他们更容易冲动购物。很多孩子都会陷入冲动购物的消费误区之中，看到自己喜欢的东西或者是想要的东西，他们往往不会考虑自己有多少钱，还会把自己制订的消费计划抛之脑后。在冲动之下花了很多钱购买了商品之后，他们使自己后面的生活陷入非常被动的状态之中。有些孩子在冲动消费之后还会因此而情绪沮丧，他们会责怪自己。需要注意的是，孩子在出现冲动购物的行为之后，如果陷入消极的情绪之中，父母不要急于指责孩子，而是要适度地安抚孩子，要教会孩子如何才能避免这种情况的发生。当然，对于那些屡教不改的孩子，例如事例中的欣欣，爸爸妈妈也可以抓住机会给孩子

深刻的教训，让孩子改掉冲动消费的习惯，这对于帮助孩子养成良好的消费习惯是很有好处的。

无论是对孩子而言，还是对父母而言，都应该重视这种冲动消费的糟糕习惯，如果总是因为冲动而导致金钱的开销出现严重超支，那么就会影响家庭生活。具体来说，要想帮助孩子克服冲动消费，父母就要从以下几个方面做起。

首先，对于孩子真正需要买的东西，父母是要给予孩子支持的。但是在孩子买东西的时候，父母要教会孩子货比三家，让孩子寻找性价比最高的商品，而不要在看到想要的商品之后，连讨价还价都不进行，直接买下这个商品，这只会让自己的钱包吃亏。

其次，要引导孩子制订合理的消费预算方案。在进行消费之前，我们要对自己买什么东西、花多少钱有一个基本的预算，不要盲目地去购买这些东西，否则即使钱再多，也会因为随意挥霍而花空。

最后，要教给孩子哪些东西是生活必需品、哪些东西是奢侈品。很多孩子在冲动消费的时候买的并非生活的必需品，而是生活中并不需要的那些奢侈品，其中甚至不乏一些价格昂贵的商品。那么在父母教会孩子什么是生活必需品、什么是奢侈品之后，孩子在购物的时候就会进行一番衡量，这样有助于孩子进行理性消费。

当然，既然是冲动导致的消费行为，那么最根本的解决方法还是在于提高孩子的自控力。很多孩子的自控力都很差，在这种情况下，父母如果不能够从根本上提升孩子的自控力，只是一味地批评或者是训斥孩子，只会让事与愿违。越是年龄小的孩子，越是缺乏自控力，随着不断成长，孩子的自控力也会越来越高，所以父母在培养孩子财商的时候，也要提升孩子的自控力，让孩子能够控制好自己的消费冲动，这样孩子才会合理地进行消费。

和孩子制定规则：一次只能买一件

对于很多父母来说，带着孩子去商场或超市，既是一种享受，也是一种考验。之所以说这是一种享受，是因为父母总想用自己辛苦赚来的钱，为孩子买一些美味的零食，或者是孩子想玩的玩具。之所以说这是一种考验，是因为父母会发现每个孩子都是贪心不足的，虽然父母已经答应为他们买一定量的零食或玩具，但是他们会想要更多，而且他们在玩具的展览区里看到玩具之后的表情，总是让父母不忍拒绝。有些孩子还会紧紧地攥着父母的衣角，眼睛直勾勾地看着喜欢的玩具，脚底下仿佛抹了胶水一样，再也不能够从地面上抬起脚来离开。看到孩子这样眼馋的行为，再看看孩子充满渴求的眼神，父母似乎需要很大的毅力才能够拒绝孩子。也有一些父母因为经济压力比较大，会对孩子严厉训斥，使孩子大声哭泣。不得不说，这样的结果并不符合父母带孩子去超市或者商场的初衷。

最重要的是，很多孩子冲动消费的情况非常严重，他们看起来非常想要某一种玩具，但是一旦有了这种玩具，他们带回家里只玩很短的时间，就会将其弃置一边，不愿意继续玩下去，这让父母非常心疼自己的钱，买回来的玩具只是一次性的消费品，他们希望孩子能够从玩具中得到更多的快乐，也希望孩子长久地玩一个玩具。但是孩子为什么在哭闹喊叫着把玩具买回家之后，又很快又弃置之理了呢？对于孩子这样的行为，父母又应该怎么做呢？

很多父母都以为孩子玩玩具时的新鲜感之所以只能保持很短的时间，是因为孩子不能够保持长久的兴趣，实际上，这与父母给孩子买太多的玩具也是密切相关的。如果父母细心观察，就会发现当孩子只有很少的玩具时，他们往往会把玩具玩出很多花样，但当孩子面对很多新鲜有趣的玩具时，他们的专注力就会大大下降。他们会在玩过这个玩具之后，很快就把这个玩具丢在一边，去玩其他玩具，这就好比成人在面对琳琅满目的商品时，也会感到看花了眼，不知道自己到底钟情于哪一件，其中道理是一样的。所以父母要想让孩子对玩具更加专注，要想节省为孩子买玩具的开销，就要给孩子制定规则，即每次只能买一件玩具。

首先，父母要事先与孩子进行约定，例如在带孩子去商场或超市之前，和孩子讲好原则，即每次只能买一件玩具，玩具可以让孩子随意选择，但是不能超过一定的金额。有了这个规定，孩子就可以根据自己的心意去买玩具。但是，孩子不能要求多买玩具。这样一来，孩子与父母达成了约定，在面对玩具的诱惑时，他们也能够更好地控制自己。

其次，让孩子每次只能买一件玩具，有助于培养孩子的自控能力，让孩子学会取舍。物质的诱惑是非常多的，随着孩子不断成长，他们生活的范围越来越大，会面临更多的诱惑。在这种情况下，如果他们要求父母必须满足他们所有的需求，那么父母一定会非常被动，尤其是在孩子上了初中之后，也许父母会给他们一些零花钱，有些孩子因为住校，还会从父母那里得到生活费。这时，孩子就有了支配金钱的权利。在此之前，父母就要让孩子学会取舍，否则孩子看到什么东西都想买，父母即使给孩子再多的生活费，也是不够孩子用的。

最后，一次只能买一件，有助于帮助孩子克制消费冲动。前文说过，孩子的自控力都比较差，他们冲动消费的行为非常普遍。对于提升孩子财商来说，克制消费冲动是非常重要的一个方面。别说是孩子了，有很多成人也因为消费冲动导致花钱无度，使家庭的经济状况非常糟糕。要想培养孩子的财商，我们就要对孩子进行相关的训练，让孩子能够克制消费冲动。

西方的心理学家提出了延迟满足的概念，他们也针对一些消费冲动的行为进行了研究，发现做出消费冲动行为的人往往无法实现延迟满足。他们想做什么就做什么，无法控制自己，这使得他们的工作和生活都受到了很大的负面影响。

一次只能买一件，会让孩子在这次选择中满足自己一个欲望，而对于其他的欲望，他们则会选择等到合适的时机里再来满足。在此期间，他们一直在憧憬着某个有趣的玩具，或者是好吃的零食，但是与此同时，他们也有可能会在经过一番思考之后，觉得自己并没有必要买这些东西，从而进行理性的消费。总而言之，父母不要觉得孩子可怜，就无限度地满足孩子的一切需求和欲望，父母要知道，孩子因为缺乏人生经验，处于特殊的成长阶段，所以他们对于很多事物的理解都会存在局限性。那么，父母作为孩子的监护人，要监督孩子在金钱消费方面适度控制自己，不要任由孩子在金钱消费方面表现出很糟糕的行为。

当然，这不是说把孩子看得死死的，而是要给孩子在规则之内的自由。例如为孩子限定玩具的价格，再为孩子限定每次购买玩具的数量，在此基础上就可以让孩子去选择自己喜欢的玩具。孩子可能看中了一个很好的玩具，但是价格却非常的昂贵，那么父母也要告诉孩子，这个玩具超出了计划。当然，如果孩子真的非常想要这个玩具，父母可以给孩子一个灵活的处理方式，即允许孩子把两次买玩具的机会折合成为一次买玩具的机会，这样一来，孩子就可以买一个更贵的玩具，这是变相对孩子进行延迟满足的训练，对于帮助孩子增强自控力是非常有好处的。

总而言之，孩子想要的东西会很多，随着不断成长，他们的欲望也会越来越强。父母千万不要对孩子肆意放纵，而是要给孩子制定规矩。俗话说，没有规矩不成方圆，孩子只有拥有规矩才能够在各个方面表现得更好。当然，制定规矩的过程是很容易的，要求孩子遵守规矩的过程却是非常困难的。在此过程中，父母要坚持原则，不要随便地向孩子妥协，这样才是为孩子计长远的表现。

小心广告对你的消费影响

随着信息的普及,如今无论是电视上还是电脑上,都会有各种各样的广告,尤其是针对孩子的广告更是渗透在各种电视节目之中。例如,有一档电视节目是就是专门推销各种玩具的,很多孩子都喜欢看这样的电视节目。在看电视节目之后,他们就会要求父母为他们买广告之中推销的玩具,这给了父母很大的经济压力。

还有一些电视广告会刻意地向孩子强调那些商品的性价比。例如,告诉孩子们这个玩具之前价格很昂贵,现在价格却很便宜,他们又通过演示的方式告诉孩子们这个玩具有多么有趣、好玩,使孩子无形中受到引诱。孩子们的自控力本来就很差,也不能够完全抵御物质的诱惑,所以在这种充满诱惑的信息的冲击力之下,就更容易产生购物的冲动。但是,孩子并没有钱去购买这些东西,他们就会因此而与父母产生冲突。

很多父母看到孩子正在专心致志地看电视,很庆幸自己终于能够有时间享受舒适和宁静,无形中就忽略了电视广告对孩子的不良影响,也没有采取及时有效的措施来引导孩子少看电视广告。其实对于父母来说，一定要教会孩子一件事情，那就是不要因为受到广告的诱惑就购买一个东西，而是要从自身的需求出发，综合考量自己是否需要购买这个产品。这对孩子而言是非常重要的。毕竟父母无法阻止孩子观看所有的广告，再加上现代社会中广告无处不在，如走在街头上，也有一些广告牌会给孩子一些诱惑，所以增强孩子对于广告的抵御力，削弱孩子因为广告而产生的冲动，这才是最重要的。

周末，晨晨在家里看电视。看到电视广告上正在说一款非常好玩的彩泥，晨晨马上央求妈妈："妈妈，给我买这个吧！这个彩泥非常好玩儿！"妈妈看到彩泥说："这个彩泥和家里的彩泥没有什么区别呀，也非常简单。"晨晨对于妈妈说的话不以为然，哭喊道："我就要这个彩泥，我就要这个彩泥！""家里有好多彩泥呢！"妈妈语重心长地对晨晨说，"这个彩泥虽然有更多的颜色，但它本质上和家里的彩泥是一样的。你看家里的彩泥才买了没多久，需要赶快玩儿，如果放得时间长了，彩泥就会干掉，所以你应该先玩家里的彩泥。如果家里的彩泥都不好玩儿，妈妈再给你买新的，好不好？"晨晨对于妈妈这种带有妥协意味的沟通并不买账，她还是求着妈妈给她买彩泥，妈妈为此很苦恼。直到姥姥姥爷来看晨晨，晨晨和姥姥姥爷说起自己想买彩泥的心愿，姥姥姥爷当即答应为晨晨买一套。尽管妈妈制止，姥姥姥爷却对此不以为然，说："孩子想要的玩具就买给她玩儿呗，这又不是在乱花钱！"妈妈听到姥姥姥爷的话，无奈地摇头叹息。

因为姥姥姥爷的纵容，所以晨晨渐渐养成了骄纵任性的坏习惯。她不管想买什么玩具，都要第一时间买到，尤其是在电视上看到的那些玩具，她常常要求妈妈为她买，这使妈妈感到非常烦恼。后来，妈妈正式地通知姥姥姥爷，对于晨晨看电视想买的玩具一律要拒绝，哪怕这个玩具是该买的，也不能在她看了电视广告想买的时候答应她买，而是要等到以后有机会再买。在妈妈的一番沟通之下，姥姥姥爷意识到问题的严重性，终于和妈妈统一了战线，经过全家人的共同努力，晨晨对电视广告再也不"感冒"了。

电视广告上好玩的玩具很多，如果孩子一看到好玩的玩具，父母就为他们买，那么家里一定会变成一个玩具仓库。曾经有调查机构经过统计发现，5~7岁的孩子特别喜欢看广告，尤其是那些色彩鲜艳、非常诱人的广告，往往能够吸引他们的注意力。孩子们在看这些广告的时候，甚至都会停止吃零食，停止跟身边的人说话，也不去上厕所。这是因为他们对广告并没有甄别能力，他们会觉得广告里一切夸大其词的效果或作用都是真的。正是因为如此，孩子才会被广告刺激出强烈的购买欲望。也有一些孩子和同龄人相处的时候，发现同龄人正在用广告上的东西，所以产生了攀比心理，也想和同龄人一样拥有这些东西。

为了避免孩子受到广告的不良刺激和影响，父母应该采取有效的措施来帮助孩子抵御这种诱惑，例如要控制孩子看电视的时间。很多父母只要看到孩子乖乖地坐在电视面前，就会感到很庆幸，觉得孩子可以很长时间保持安静，自己终于可以腾出时间来做一些事情。实际上，长久地看电视不但会损伤孩子的视力，而且会使孩子产生购物冲动。如果能够限制孩子看电视的时间，那么孩子受到广告诱惑的概率就会大大降低。

另外，要教会孩子辨别广告的真伪。广告总会有夸大其词的成分，对于产品的某一种功效会特别夸张，如果孩子对这些都信以为真的话，他们就会对广告所介绍的产品怦然心动。父母要教会孩子辨别广告的真假，告诉孩子并非所有的广告都是100%真实的，有必要的时候也可以用实际的商品来向孩子证明，这个商品并不像广告上所展示的那么好。这会比嘴上告诉孩子不要相信广告的效果更好，因为孩子能够看到切实的结果。

除此之外，父母也不要总是购买电视广告上推销的产品，这会给孩子做出错误的示范。如果父母总是以广告为准去购买一些商品，渐渐地孩子也会认为只要是广告上出现的商品，就一定是好的，这显然会使孩子陷入消费的误区，也会对孩子的消费心理产生误导。

总而言之，在这个广告铺天盖地的时代里，要想让孩子能够甄别广告，从广告天花乱坠的介绍中练就火眼金睛，父母就一定要给孩子更好的引导，帮助孩子识别广告的真假。最重要的是要让孩子看重产品的质量，从而避免孩子被花花绿绿的广告蛊惑。

第七章
不做守财奴，妈妈要培养爱赚钱却不吝啬分享的阳光好孩子

在世界范围内，很多富豪在积累了一定的财富之后，都会慷慨地帮助其他需要帮助的人，这让很多孩子都表示不理解，不知道这些富豪为何辛辛苦苦赚了钱却要分给他人用，实际上这恰恰体现了财富至高无上的意义。

财富的意义并不在于财富本身。当能够满足自己的衣食住行之后，作为有多余钱财的人，我们应该为自己的财富寻找到更为深刻的价值和意义，对于整个人类和社会来说，我们只有懂得感恩，乐于回报，才能让财富至高无上的价值得到体现。

懂感恩的孩子愿意为家人花钱

父母在对孩子进行金钱教育时，虽然是为了提升孩子的财商，但是有的时候略有偏差就会使孩子进入误区。有的孩子因此把钱看得非常重要，他们为了攒钱，不愿意把钱花在任何地方，甚至连父母需要钱的时候，他们也非常吝啬。这样一来，财商教育就起到了相反的作用。父母在教育孩子的时候，要注意把握正确的方向，切勿本末倒置，导致事与愿违。

通常情况下，孩子都会习惯于向父母要各种各样的礼物，尤其是在节假日的时候，孩子更是会对父母提出各种要求。随着时间流逝，孩子渐渐长大，父母一味地为孩子付出，就会让孩子觉得父母为他们付出是理所当然的，因此并不对父母心怀感恩。为了避免把孩子养成"白眼狼"，父母要学会让孩子为父母付出，要让孩子乐于为父母花钱。

很多父母都抱怨自己家的孩子丝毫没有感恩之心，哪怕到了父亲节、母亲节，对于父母也没有任何表示。实际上，这个责任并不完全在孩子身上，也与父母对孩子的教养方式密切相关。如果父母能够在日常生活中经常向孩子索要回报，或者是帮助孩子养成回报父母的好习惯，那么孩子即使长大了也会懂得感恩父母，更会愿意把自己的钱花在父母的身上。

今天是母亲节，妈妈满怀期望地等待乐乐回家，但是乐乐到了家里之后，妈妈却发现乐乐两手空空，并没有给她准备礼物。妈妈感到很伤心，她对乐乐说："今天是母亲节，你就不会为我准备一个礼物吗？"乐乐惊讶地反问："母亲节要准备礼物吗？"妈妈问乐乐："那么每到儿童节的时候，你是否会跟我要礼物呢？"乐乐很为难地说："但是，我并没有多少钱，买不起很好的礼物。"妈妈笑起来说："礼物并不在于是否贵重，也不在于是否珍稀，而是在于你的心意。哪怕是你亲手画的一张贺卡，也至少说明你知道今天是母亲节，你知道要在这个特别的日子里感谢自己的母亲。"听了妈妈的话，乐乐感到很羞愧，他当即为妈妈手绘了一张贺卡。

没过多久，妈妈因为身体不适需要体检。收到医生的通知之后，妈妈在家里嘀嘀咕咕地说："体检又要花很多钱，家里本来就没有多少钱啊！"这个时候，乐乐对妈妈说："妈妈，该体检一定要体检，因为如果不体检，疾病变得严重就不好治疗了。你如果没有钱，我来赞助你1000元钱吧！"听到乐乐的话，妈妈大吃一惊，说："你居然要赞助我1000元钱！"乐乐笑起来说："是啊，这些钱本来也是你给我的，现在你体检需要钱，我就再给你用。"看到小财迷乐乐突然变得这么慷慨大方，妈妈受宠若惊。这个时候，乐乐说："如果没有你和爸爸，就没有我们的家，所以你和爸爸才是这个家里最重要的。我把钱花光了也没关系，以后我还可以再攒钱，等我长大了，我还能挣钱呢！"听到乐乐的话，妈妈感动得热泪盈眶。

如果不是因为母亲节妈妈向乐乐要礼物，那么在妈妈因为身体不适需要体检的时候，乐乐未必会主动提出要把自己的1000元零花钱给妈妈用。对于乐乐的好意，妈妈千万不要拒绝，而是要非常高兴地接受，因为如果这次妈妈拒绝了乐乐的好意，那么，下一次乐乐就会觉得父母在有需要的时候并不需要他出钱出力。虽然这只是一件小事情，但是妈妈恰恰可以抓住这个机会教育乐乐，让乐乐学会为家人付出。

父母对孩子进行财商教育的目的并不是让孩子把钱看得特别重要，因为在现实的生活中，除了钱，还有很多重要的东西。父母既然把孩子看得比一切都重要，那么也要让孩子知道，生活中有很多东西是比钱更重要的。父母不仅要对孩子起到言传身教的作用，给孩子做好孝敬长辈、关爱家人的榜样，还应该在必要的时候提醒孩子，让孩子关爱自己，给自己付出一定的金钱，这对孩子的财商教育来说也是必不可少的。

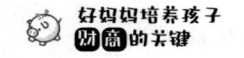

培养乐于分享的孩子

对于年幼的孩子，很多父母都会发现他们不愿意与人分享，他们对于自己的东西都看得非常重要。很多父母觉得这是因为孩子正处于自我意识的觉醒时期，所以会特别看重自己的东西，也会把你的和我的，把自己的和世界的都分得很清楚。但是随着孩子渐渐长大，父母却发现他们并没有变得乐于分享，反而变得更加自私，这是为什么呢？

现代社会中有很多家庭里都只有一个孩子，这就使父母会把家里所有的钱财都给孩子用，作为孩子的长辈，他们会给孩子无微不至的关爱，心甘情愿地为孩子付出更多。这就使得孩子渐渐养成以自我为中心的错误思想。此外，很多父母还受到传统教育观念的影响，认为再穷不能穷教育，再苦不能苦孩子。在很多家庭里，父母都把孩子放在家庭中最重要的位置上，使孩子成为了家里的小皇帝、小公主，又因为独生子女政策的推行，使大多数家庭里都只有一个孩子。这样一来，孩子从小就在不需要分享的环境中成长，因而会变得越来越骄纵任性。

父母一定要知道，如果一个孩子非常自私自利，从来不懂得与人分享，那么他们就不会有很高的财商，即使父母有意识地对他们进行财商教育，也很难获得成功。要知道，古今中外大多数成功者都是心怀大爱的人，都是善于分享的人，都是懂得分享智慧的人。

佳佳是家里的独苗，不仅他是独生子女，他的爸爸妈妈也是独生子女，这使得佳佳既没有亲生的兄弟姐妹，也没有堂兄弟姐妹和表兄弟姐妹。佳佳从小就在爸爸妈妈、姥姥姥爷和爷爷奶奶无微不至的关爱之中成长，变得越来越自私。

有一天晚上，妈妈回家的时候为佳佳买了两斤大樱桃。回到家里之后，爷爷奶奶很想尝一尝樱桃，但是佳佳却生气地对爷爷奶奶说："这是小孩子才会吃的水果，老人是不需要吃的！"听到佳佳的话，妈妈感到非常生气，她对佳佳说："每个人都需要吃水果，妈妈之所以买了两斤，就是想让全家人一起吃。"佳佳更生气了，当即哇哇大哭起来，他还把樱桃都摔在地上，用脚踩了踩。妈妈狠狠地揍了佳佳一顿，从此之后，妈妈意识到佳佳缺乏分享的意识，甚至都不愿意和自己最亲近的家人分享，以后走上社会一定会出现很严重的问题。

自从发生这件事情之后，妈妈就有意识地培养佳佳分享的习惯。例如家里不管有什么好吃的，妈妈都会让佳佳先送给爷爷奶奶或者姥姥姥爷吃。即使是佳佳特别喜欢吃的食物，妈妈也不再只买给佳佳吃，而是会要求全家人一起吃，当然，妈妈并不因此而买很多，而是买正常的量，这样佳佳就无法吃得特别满足，他必须控制自己的欲望和家人分享。在妈妈

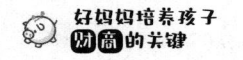

有意识的教育和引导下，佳佳渐渐学会了分享，看到佳佳的改变，妈妈很欣慰。

孩子如果对于自己亲近的父母和家人都不愿意分享，养成了吃独食的习惯，那么将来走上社会以后，对于其他的小朋友或者身边的人，他们会更不愿意分享。一个人如果心里只有自己，自私自利，就会导致他的视野和格局都非常小，也会局限他人生的发展。

在现实生活中，虽然有很多东西都可以通过数字来进行计算和测量，但是爱却是不能被计算和测量的。如果我们对于一切的事情都斤斤计较，那么就会让自己失去很多快乐，所以在培养孩子财商的时候，父母要让孩子心中有他人，心中有集体，心中有社会。孩子只有心怀大爱，才会有更开阔的格局和眼界。

具体来说，首先，家里有好吃的东西，父母不要只给孩子吃，而是要和孩子一起吃。如果有长辈一起生活，那么，父母要让孩子先把这些美味的食物给长辈吃，这样孩子就会渐渐地养成分享的好习惯。

其次，如果家里没有其他的小孩和孩子一起分享，那么可以给孩子创造机会，跟幼儿园里的小朋友或者是一起玩儿的小伙伴分享，让孩子感受到分享的乐趣。

最后，对于孩子在分享方面的进步，父母一定要及时地给予孩子表扬和肯定，这样能够强化孩子的分享行为，让孩子感受到分享的乐趣。当孩子在分享自己的所有之后，也得到了其他小朋友的分享，他就会真正理解分享的意义。在分享的环境中长大的孩子，他的财商会很高，这是因为他懂得与人的相处之道，也懂得通过分享才能够让快乐倍增的道理。这样的思想和观念，会让孩子在人生之中得到更多的助力，也会让孩子的未来更加美好。

让孩子从小学会帮助别人

当孩子心里只有自己的时候，他们做很多事情都会非常自私。实际上，在地球上生活，在这个时代里生存，每个人都要心中有他人。尤其是在他人遇到难题或者遭遇难关的时候，我们更是要慷慨地解囊相助，这样才能够帮助他人。虽然有的时候我们帮助他人并不能得到回报，但是赠人玫瑰，手有余香，我们得到的快乐和满足就是最好的回报。

从能量守恒的角度来说，我们现在付出了能量帮助他人，那么等到有朝一日我们需要帮助的时候，这些能量又会以其他的方式回到我们的身上。当然孩子还小，他们也许并不能够了解帮助别人就是帮助自己的道理，那么父母可以给孩子们讲一个故事。

在地狱中有一口热气腾腾的大锅，地狱中的每一个人都饿得饥肠辘辘，两眼冒光，他们围着锅却吃不到锅里的东西，这是因为他们拿住的勺子手柄很长，他们用这个勺子舀起食物之后，无法把食物顺利地放到自己的嘴巴里。但是天堂的情况却截然不同。每个人都吃得非常好，每个人都长得白白胖胖的。这是因为他们拿着长长的勺子把食物喂到对方的嘴巴里，这样对方就会把食物喂到他们的嘴巴里。这使得每个人都可以吃到很多美味的食物，并不会感到饥饿。而且因为互相帮助，他们之间的关系很好，其乐融融，这使得他们的心情也非常好，自然活得非常滋润。这个故事告诉我们一个道理，那就是帮助别人就是帮助自己。如果我们在现实生活中总是吝啬于帮助别人，那么别人当然也不会在我们需要的时候对我们伸出援手。古今中外，所有有所成就的人都不是孤军奋战的，他们都能够与他人合作。正是因为他们心怀大爱，很愿意帮助别人，所以也就在无形中帮助了自己。

杰克大叔是一个非常优秀的农民，不管是粮食谷物还是瓜果蔬菜，他都种得非常好。每一年，他的农产品都能够在大赛中获得金奖，这是为什么呢？

杰克大叔越来越老，他渐渐地干不动农活了，决定要把农场交给儿子管理。在把农场正式交给儿子的时候，杰克大叔一本正经地交代儿子："有一件事情至关重要，你一定要做到，那就是在每年秋天的时候，我们不管收获了多么好的东西，都要把最好的种子分享给邻居们。"对于杰克大叔的交代，儿子感到非常纳闷。他说："这些种子我们可以拿来卖很多钱，为什么一定要送给邻居们呢？"杰克大叔语重心长地对儿子说："我们家的农产品之所以是质量最好的，每年都能获得金奖，与邻居们的帮助是分不开的。当我们把最好的种子送给邻居之后，我们周围就全都遍布最好的种子，我们的农作物在通过风或者是蜜蜂来授粉的时候，就能够得到

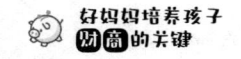

最好的花粉。反之，如果我们周围的邻居们所种的种子都是糟糕的种子，那么我们家里怎么能长出最好的果实呢？"听了杰克大叔的话，儿子恍然大悟，他为爸爸的经营智慧竖起了大拇指。

杰克大叔辛苦耕耘了一辈子，把自己得到的生财之道全都教授给了儿子，那就是把最好的种子送给邻居们。这样一来，杰克大叔土地上所种的植物才能够得到最好的授粉，这是一个显而易见的道理，但是真正能够做到的人却很少。在培养孩子财商的时候，一定要让孩子理解这个道理，让孩子主动地帮助他人。

此外，教导孩子学会关心和帮助他人，能够积极主动地分享，也能够承担起很重要的社会责任，这对于培养孩子的财商是非常重要的。对于孩子而言，他们要想获得成功，就需要情商、智商和财商，这三商缺一不可。如果少了其中的一商，孩子的成长就会受到限制。如果孩子小小年纪，就能够通过父母的教诲，懂得帮助别人就是帮助自己的道理，也能够以这样的方式来创造财富，那么可想而知，他们的将来必然会有非常好的发展。

从人际关系的角度来说，我们慷慨地帮助他人，还能够与他人搞好关系，得到更强大的助力。这比我们闭门造车、故步自封，要好得多。

友善慈爱，妈妈要从小对孩子进行慈善教育

很多成人都认为慈善是那些非常有钱的大富豪才能够做的，距离普通人的生活很远，其实这样的观念是完全错误的。现在这个社会中，慈善已经成为一种美德，并不是那些大富豪的专利，即使作为普通人，也可以从自己自身的能力出发，做一些帮助他人的事情。在国际社会范围内，慈善已经成为一种流行的趋势，很多举世闻名的大富豪都非常慷慨地把自己创造和积累了一生的财富分享给他人，去帮助那些需要帮助的人。也有人误以为只有西方国家流行做慈善，实际上，中国做慈善的历史是最为悠久的，中国是全世界上最早致力于发展慈善事业的国家。作为中国人，我们切勿把做慈善的美名冠给西方人，而是要身体力行地去践行慈善事业。

中国传统的文化蕴涵了中国几千年来非常精髓和深刻的慈善思想，例如儒家的儒和道家的行善积德等都是在教育我们要积极地行善。现代社会中，很多家庭里都只有一个孩子，这些孩子从小得到父母无微不至的爱，得到了长辈们的关心和照顾，所以他们渐渐地会养成一种以自我为中心的

思想，不管考虑什么问题，他们都只想满足自己的欲望。也有一些调查机构对这些家庭进行了调查，在对孩子进行了解后发现，现代社会中有很多孩子都表现出冷漠孤独的特点，也对社会缺乏爱心和责任心，这会使孩子未来的成长受到限制，也会使孩子与财富绝缘。如果想让孩子获得更多的财富，就要从小对孩子进行慈善教育，让孩子能够心怀大爱，这样才能与财富产生更深厚的缘分。

当然，我们作为普通人所做的慈善和那些世界级别的大富豪是不同的，毕竟我们能力有限，又没有那么多的钱，但是我们慈爱的心却是相同的。大富豪可以帮助全世界更多的人，我们只有很少的钱，那么我们可以帮助少数人。只要我们心中有爱，就能够让爱洒满人间。父母要在孩子很小的时候，就开始引导孩子形成慈善的意识，也要培养孩子做出慈善的行为。这样小小的善念和举动，一定会在孩子的心中生根发芽，也会对孩子的一生起到很大的影响。

在这节班会课上，老师举行了主题班会，班会主题是帮助灾区的小朋友重建家园。原来，有一个地方发生了很严重的地质灾害，那里的小朋友们失去了家园，也失去了校园，所以全社会都在为灾区捐款。老师就以此为主题，给孩子们召开了一次班会。在班会上，老师讲了很多灾区小朋友的故事，孩子们都听得非常激动，热泪盈眶。也有一些孩子当即表示，要把自己所有的压岁钱都捐给灾区的小朋友。当然，老师也建议孩子们回家和父母商量一下，看看能为灾区的孩子们贡献多少力量。

壮壮回到家里之后，把班会的内容都告诉了爸爸妈妈。爸爸妈妈说，

第七章
不做守财奴，妈妈要培养爱赚钱却不吝啬分享的阳光好孩子

他们在单位里也给灾区捐款了，对于壮壮想为灾区捐多少钱，爸爸妈妈并不愿意过多干预，而是想参考壮壮的意见。壮壮说："班级里有几个同学要捐出所有的压岁钱，但是我的压岁钱整整有3000元钱啊，我可不舍得捐这么多呀，我还想留着一些压岁钱买玩具呢！"听到壮壮的话，妈妈说："壮壮，如果你不舍得捐出所有的压岁钱，那么你愿意捐多少呢？"壮壮沉思了半天说："我想捐10元钱！"听到壮壮的话，妈妈的脸上明显黯淡下来，爸爸对壮壮说："壮壮，灾区的小朋友受了灾，他们有的甚至失去了父母，变成了孤儿，是非常可怜的，你觉得要花多少钱才能够帮助他们呢？"壮壮不以为然地说："但是也有其他人在给他们捐款，我们班有个同学要捐出所有的压岁钱。所以，我觉得我少捐一点也没有关系。"爸爸语重心长地对壮壮说："嗯，的确，中国人这么多，有的人捐得多，有的人捐得少，这是难免的。不过，爸爸觉得我们可以设身处地地为灾区的小朋友想一想。如果我们现在受了灾，失去了亲人，那么我们是不是想得到更多的温暖？"听到爸爸这么说，壮壮陷入了沉思，良久，他才说："爸爸，我捐出去1000元钱，可以吗？"爸爸点点头说："我觉得你捐出去1000元钱并不影响你买玩具，而且也能够切实帮到灾区的小朋友，这是比较合理的。当然，如果你想捐2000甚至3000元钱，爸爸妈妈也是支持你的。一方有难，八方支援。现在我们帮助灾区的人，灾区的人才能重建家园。有朝一日我们受了灾，他们也一定会这么慷慨地对待我们的。"在爸爸苦口婆心的劝说下，壮壮决定捐出去2000元钱，他对爸爸说："那我就先不买我最喜欢的变形金刚了，因为变形金刚不买也不影响我的生活，但是灾区的小朋友没有房子住，没有饭吃，却很可怜。"就这样，壮壮捐了2000元压岁钱

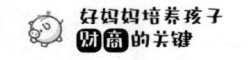

给灾区的小朋友。他感到特别自豪，特别骄傲。

善的种子一旦在孩子的心中种下，孩子在考虑很多问题的时候，就能够更多地为他人考虑，这使得他们不但热衷于做慈善事业，而且在未来与他人交往的时候，包括在学习和工作中，都会养成设身处地为他人着想的好习惯。这当然会使孩子成为受欢迎的人。

对于父母而言，要想培养和提升孩子的财商，就一定不要忽略对孩子的慈善教育。父母要让孩子知道金钱的作用，并不仅仅在于满足自己的吃喝拉撒，更在于回馈社会，在自己力所能及的范围内给他人一点帮助，这样才能够实现自身的价值。孩子在慷慨地付出一些钱帮助他人的时候，自己也一定会感受到快乐，这对于他们而言是多少金钱都买不来的。

为了让孩子热衷于慈善事业，父母要做到以下几点。

首先，父母要以身作则，给孩子做好榜样。当某些地区受到灾害需要捐款的时候，父母要积极地捐款，而不要当着孩子的面拒绝捐款，这会给孩子造成非常大的负面影响。

其次，如果有条件，父母还可以带着孩子亲自参加一些慈善活动。例如，有一些慈善机构会组织去玉树等贫困的地区，为那里的孩子捐献文具和衣物等。如果有机会，父母可以亲自带着孩子去这些地方，看一看其他小朋友的生活，这对于培养孩子的慈善之心，让孩子珍惜自己的生活效果显著。

最后，可以鼓励孩子自己组织慈善活动。所谓的慈善活动并不一定是轰轰烈烈的，也可以是针对某一个特别穷困的孩子进行的。例如几个孩子可以合力支援灾区的一个小朋友，用自己的压岁钱、零花钱等来为这个小朋友缴纳学费，这对孩子来说是非常有意义的活动。在帮助其他小朋友的过程中，孩子们还可以和这个小朋友进行书信往来，了解这个小朋友的生活，这对于他们珍惜现有的生活，形成感恩之心，也会起到很大的促进作用。

总而言之，只要有心，生活中有很多机会都可以进行慈善活动，切勿觉得慈善活动离我们很远，慈善活动其实就在我们的身边。大到为灾区捐款捐物，小到帮助身边需要帮助的人，甚至只是为一个人提供小小的助力，这都是慈善的种子，将来都会生根发芽。

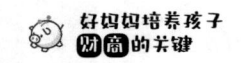

经常给孩子讲讲富豪们的慈善故事

常言道，榜样的力量是无穷的。父母要想培养孩子的慈善之心，给孩子做好榜样，给予孩子积极的影响，除了要身体力行地坚持做慈善之外，还可以讲述很多富豪们的慈善故事给孩子听，这同样能够对孩子起到潜移默化的作用，帮助孩子树立正确的财富价值观，也让孩子学习富豪们对待财富的态度，让财富为整个人类社会做出贡献。

巴菲特作为世界投资和经营界中神一样的存在，其观念就是不给孩子留下太多的钱。早在很多年前，巴菲特就已经许诺要将自己名下99%的资产捐给慈善事业，他认为，包括他和他的家人在内，只留下1%的个人财富就可以生活无忧。既然剩下的99%的财富并不能够增强全家人的幸福感，也不会让全家人生活得更快乐，那么他觉得把这些财富用来帮助那些需要帮助的人，会让这些财富更有价值和意义。

2010年，巴菲特和好朋友比尔·盖茨一起发起了捐赠誓言活动。他号召全世界范围内的富豪都和他们一样，利用自己一生之中所创造的财富来进行慈善活动。巴菲特在富豪圈里的影响力是非常大的，再加上比尔·盖茨的影响力，使得他们这个活动在世界范围内产生了巨大的影响。

很多持有传统观念的人都认为自己既然辛苦一辈子创造了财富，就只能留给自己的子女。实际上，这是一种非常普遍也很狭隘的观念。当然，这对于普通人来说也是可以理解的，毕竟普通人家在优先保障自家人生存的情况下，并不会剩下大量的钱财去帮助他人。但是即便如此，我们作为普通人也不能够忽略对孩子慈善意识的培养。

和巴菲特一样，比尔·盖茨也是一个热衷于慈善事业的人。在2008年，比尔·盖茨把自己的全部财产都捐给了他和妻子一起创立的基金会，这就意味着他的子女并不会从他和妻子这里继承到财产，而只能够继承他们的事业。作为世界级别的大富豪，比尔·盖茨并不是一个想要守住和占有财富的人，而是想要把财富发扬光大。很多人都说再穷也不能穷孩子，比尔·盖茨的观点恰恰与此相反，他认为再富也不能富孩子。比尔·盖茨认为，对于一个孩子而言，最重要的能力是创造财富的能力，是他努力的能力，而不是说他拥有多少财富。毕竟拥有的财富是从别人那里得来的，很多人因为拥有了财富，会变得不思进取，这反而是对孩子的一种掣肘。

和巴菲特、比尔·盖茨一样，美国钢铁大王安德鲁·卡内基也把自己的财富用之于民。他在美国很多地方都捐赠了图书馆，这使得这些地方的人都可以看到图书，从书本中汲取知识，也让心灵得到慰藉，因此得到成长。在中国，也有越来越多的人积极地从事慈善事业，他们把个人的财富用于公共事业的建设和发展，他们把自己的财富用于发展全民的教育文化

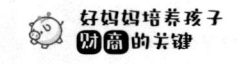

医疗等事业，这是因为他们的爱已经超越了个人的局限，他们更愿意爱全人类，爱这个世界。

　　孩子知道更多的富豪故事，有利于孩子身心健康地成长。一个人如果只是活在自己的世界里，只关心自己的方方面面，那么他的视野和眼界会非常狭窄。一个人只有超越自己狭隘的眼界和视野，看到更广阔的地方，才能够获得更多的成长，也才能够拥有更大的人生格局。对于培养孩子的财商而言，给孩子更大的人生格局显然是非常重要的。

第八章
积少成多，让孩子学会勤俭节约和积累财富

勤劳能够创造财富，节俭能够聚敛财富。对于孩子们而言，只有从小养成勤俭节约的好习惯，才能够积累更多的财富。所以，父母一定要注重培养孩子勤俭节约的好习惯。一个人即便拥有再多的钱，如果总是习惯于铺张浪费，那么他就不能够积蓄钱财。反之，一个人虽然赚的钱不多，但是如果很善于储蓄，具有致富与守财的能力，那么就会成为财富的主宰，过上真正富裕的生活。所以父母要从小培养孩子勤俭节约的好习惯，这对于提升孩子的财商是特别重要的。

让孩子养成勤俭节约的传统美德

在艰苦的年代里,勤俭节约是一种非常好的习惯,也是一种非常优秀的品质。中国正是靠着勤俭节约才能够发展至今,人民才能够过上更好的生活。虽然现在生活水平越来越高,社会经济的发展也非常快速,但是我们就不需要勤俭节约了吗?当然不是。勤俭节约是中华民族的传统美德,不管时代如何发展,也不管我们的经济条件达到了怎样的水平,都应该坚持勤俭节约这种好习惯。古今中外很多有成就的人都非常勤俭节约,他们在生活中绝不浪费和奢侈,也绝不会随意挥霍金钱。尤其是在教育子女方面,他们更是注重培养孩子勤俭节约的品质。

周末,爸爸妈妈带着思思去公园里玩。思思觉得饿了,爸爸妈妈就为思思买了肯德基汉堡。吃了一口汉堡之后,思思觉得味道不好,就把汉堡扔掉了。妈妈看到思思就这样把一个汉堡扔了,非常心疼,当即质问思思:"思思,你怎么把汉堡扔了?"思思不以为意地说:"汉堡不好吃，有点辣！"妈妈说："哎呀，那我买的时候忘记问了，那你也不能扔啊！你不吃，可以给爸爸或者妈妈吃。这个汉堡十几块钱呢，扔掉了多么浪费。"思思说："妈妈，你可真小气，奶奶从来不吃我吃剩下的东西，只要我说不好吃的，奶奶都让我扔掉。奶奶说她跟爷爷的退休金有那么多，足够给我买吃的。"听了思思的话，妈妈陷入了沉思，良久才说："思思，爷爷奶奶虽然有退休金，但是他们的退休金是用来自己消费的，是他们养老用的，而不是给你买吃的。奶奶说的话不对，知道吗？奶奶的钱不应该都给你用，而且就算奶奶有钱给你买吃的，你也不能浪费粮食！"

思思被妈妈批评，眼睛里含着泪水，很不高兴。这个时候，爸爸对思思说："一粥一饭当思来之不易，半丝半缕恒念物力维艰。"思思不理解这句话的意思，爸爸向思思做出了详细的解释，思思这才意识到勤俭节约是一种美德。她主动向妈妈道歉，说："妈妈，以后我再也不浪费粮食了，以后我不吃的东西，我会放着给别人吃，如果我能够努力把它吃完，我就会尽量吃完。"看到思思有这么好的转变，妈妈欣慰地点点头。

人类社会发展到今天，物质越来越丰富，人们的生活方式、消费观念都在不断变化着，这一点是毋庸置疑的。但是不管时代发展到什么时候，也不管我们的经济水平有了多么大的提升，都应该提倡勤俭节约，这之间并不矛盾。那么，父母如何培养孩子勤俭节约的品质呢？具体来说，父母要做到以下几点。

首先，言传不如身教，父母要以身示范。在家庭教育中，父母的示范

第八章
积少成多，让孩子学会勤俭节约和积累财富

作用是非常重要的，有一些父母"只许州官放火，不许百姓点灯"，他们自己做不到的事情，却要求孩子去做。那么，孩子当然也不愿意为此而努力。父母要想让孩子养成勤俭节约的好习惯，自己首先要做到勤俭节约，当孩子看到父母能够节约每一分钱，并且能够珍惜各种各样的物质，那么他们就会受到父母的积极影响，也会非常节约。反之，如果孩子看到父母花钱大手大脚，把家里的东西随随便便地扔掉，而且还很喜欢和人攀比，买很多奢侈的东西，那么孩子就会受到父母的不良影响，又怎么可能勤俭节约呢？

其次，为了让孩子能够珍惜来之不易的金钱，父母可以让孩子自己去挣钱，给孩子机会，让孩子做家务，这样孩子才能认识到每一分钱都来之不易。很多孩子习惯了大手大脚花父母的钱，他们总觉得家里的钱是天然就出现的，并不能体谅到父母的辛苦，这对于培养孩子的财商培养是很不利的。父母要让孩子知道金钱对于生活是非常重要的，也让孩子养成节约用钱的好习惯，这样孩子才会有一定的储蓄能够用来应急。尤其是在亲身体验到挣钱的辛苦之后，孩子就不会随随便便浪费用钱买来的东西，这对孩子的成长当然是会起到很大的推动作用。

再次，可以教会孩子废物利用。如今很多孩子都有大量的衣服鞋袜，也有很多的玩具书籍，这些东西随着孩子不断成长，已经失去了价值和意义，那么如何才能让它们废物利用再次发光发热呢？如果只是把它们作为废品卖给收废品的人，那么只能换取很少的钱，也派不上什么用场。在这种情况下，如果能够把它们进行废物利用，捐献给那些有需要的人，那么它们不但能够再次发光发热，还能够让孩子的善心得以发扬。从这个意义

上来说，父母可以经常带着孩子捐出这些旧物。当然，前提是要把这些旧物都整理干净并进行消毒，再把它们捐献出去。

最后，父母可以经常带着孩子忆苦思甜。所谓忆苦思甜，就是给孩子讲讲父辈祖辈曾经的艰苦生活，也可以带着孩子去生活条件不好的地方体验生活，从而让孩子亲身感受生活的艰苦。让孩子知道今天的幸福得来不易，他们才会更加珍惜现在的生活；父母还要让孩子知道，他们吃的每一粒粮食都是农民伯伯辛辛苦苦种出来的，他们才不会浪费粮食，让孩子知道有很多小朋友过着非常艰苦的生活，他们才不会那么奢侈浪费；而有可能会主动地把自己的一些东西节省下来，支援小朋友。这对培养孩子的仁爱之心，让孩子对不同的生活有深刻的理解和感触，都是非常有好处的。

中国是一个文明古国，有着上下5000年的悠久历史，勤俭节约是中华民族的传统美德，不管是在古时候还是在现代，也不管是在现在还是在未来，我们都应该坚持勤俭节约，这样才能使金钱发挥更大的作用。

让孩子明白每一分钱都来之不易

父母都知道每一分钱都来之不易，这是因为父母主要负责赚钱养家，在经历生活的艰难和工作上的煎熬之后，当然清楚金钱的可贵。但是，孩子并不需要赚钱养家，他们不管需要什么东西，父母都会为他们购买，他们不管有什么欲望，父母都会满足他们。渐渐地，他们就会觉得金钱是得来很容易的，也会对父母提出更多的要求。那么，父母要让孩子学会节约每一分钱，当然，这并不是说要让孩子去过那种非常辛苦的日子，也不是说要让孩子成为守财奴，只知道要钱攒钱，而从来不知道花钱，而是说让孩子把钱花在该花的地方，让每一分钱都花得物有所值，这样花钱才是值得的。

古今中外，很多成功的商人都非常节约，他们知道每一分的利润都是建立在节约的基础上的。曾经有一位伟大的银行家说过，在经营的过程中，每节约一分钱就能够增加一分钱的利润，这是因为节约与利润之间是成正比的关系。这就告诉我们，如果总是浪费钱，并不能够起到很好的聚

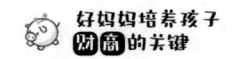

财作用，只有开源节流，在节约的基础上才能够增加利润。

现实生活中，有些父母觉得钱是挣出来的，不是省出来的，实际上这样的观点并不完全正确。虽然挣钱是创造财富的最主要的方式，但是节约同样也是开源节流中的一环。如果能够把节约与挣钱结合起来，一方面创造更多的财富，一方面节省下来大量的财富，那么理财的效果就会更好。

纵观世界上那些发展非常好的大公司，不难发现这些公司不管自身发展到什么程度，都坚持节约的原则，公司会在办公层面上坚持节约，包括公司的一些主管也都养成了节约的好习惯，这是因为公司的发展离不开他们的付出。公司发展得越好，主管们为此付出的就越多，自然也更清楚每一分钱的来之不易。也有人把这理解为狭隘的吝啬，实际上真正的吝啬并不是节约，节约与吝啬是有本质区别的。节约是要把钱花在该花的地方，吝啬是即使在该花的地方也不愿意花钱。相比起那些装面子穷大方的人，节约者并不那么注重面子，而更注重里子，他们不会盲目地为了面子就去铺张浪费，这显然是更值得学习的。

作为香港首富，李嘉诚是非常节俭的。有一天，李嘉诚走出酒店，从口袋里掏出车钥匙，准备开车的时候，突然发现口袋里的一枚硬币被车钥匙带出来掉在地上。很多富豪都不愿意捡起一枚硬币，但是李嘉诚的第一反应就是弯下腰准备捡起那枚硬币。这个时候，硬币咕噜噜地滚到警卫面前，警卫赶紧蹲下去，捡起硬币，把硬币递给了李嘉诚。李嘉诚接过硬币，接下来，他做了一件让警卫感到很惊讶的事情——他掏出了一张100元面额的港币，和这枚硬币一起交给了警卫，作为对警卫的奖励。警卫赶紧对李嘉诚表示感谢。

这件事情过后,有人询问李嘉诚为什么要这么做,因为在大多数人的思维里,为了一枚硬币而给人付出100元的小费显然是得不偿失的。不如一开始就舍弃那一枚硬币,这样也就不用再付这100元的小费了。对此,李嘉诚说:"一枚硬币也是钱,不能浪费。如果不把这一枚硬币捡起来,它有可能会掉到阴沟里,从此之后就成为一个废物。反之把这个硬币捡起来,它就会再次在市场上流通起来,为人们创造价值。我之所以给那个警卫100元钱,是因为他为我服务了,他帮助我捡起了这枚硬币。这是我给他的酬劳。如果没有他帮忙,我需要自己捡起这枚硬币。所以我的观念就是钱可以用来花,但是不能用来浪费,我付100元港币给这个警卫,是我该花的钱,我捡起这一枚硬币,也是我应该做的事情。"

作为香港首富,李嘉诚一枚硬币都不愿意浪费,却因为得到了警卫的服务而给警卫付出100元港币的薪水。不得不说,李嘉诚的金钱观念和价值观都是非常正确的。

在理财的过程中,父母要让孩子知道,要想理财,一定要先有财可理。所谓积聚钱财,是首先要做到有钱可积聚。具体来说,就是要节约每一分钱。一分钱虽然微不足道,却是来之不易的,我们只有节约每一分钱,才能够种下财富的种子,让财富渐渐地生根发芽,长成一棵大树。

很多富豪都对孩子提出了勤俭节约的要求,让孩子珍惜每一分钱,那么作为普通的父母,我们更是要让孩子珍惜金钱,这样才能为孩子树立正确的金钱观,让孩子在面对金钱的时候有更好的表现。

妈妈以身作则，身体力行勤俭持家

　　勤俭节约可不只是一种观念，父母只向孩子灌输这种观念，让孩子知道勤俭节约这四个字是远远不够的。勤俭节约是一种生活习惯，渗透在生活的点点滴滴之中，如果孩子只知道勤俭节约的道理，而花钱依然大手大脚，那就说明孩子并不理解勤俭节约的本质，也不能真正做到勤俭节约。父母想培养孩子的财商，让孩子养成勤俭节约的好习惯，就要把这种观念落实到孩子的行动上，让孩子养成良好的习惯，这样孩子才能够真正做到勤俭节约。

　　在家庭教育中，父母反复的说教也未必能够达到良好的效果，与其对孩子进行空洞的说教，不如以身示范，教会孩子勤俭节约地生活，这对于孩子而言才是更加重要的。那么，作为父母，可以从哪些方面给予孩子示范呢？当然，要想亲身示范孩子，最重要的就是父母要发自内心地坚持勤俭节约，也要能够在生活点点滴滴的方面都坚持勤俭节约，这样才能够对孩子起到最好的引导作用。

第八章
积少成多，让孩子学会勤俭节约和积累财富

　　琪琪的妈妈是一个非常懂得生活的人，虽然家里的收入并不高，只处于中等的水平，但是妈妈却把家里打理得井井有条，而且让家里所有的人都吃穿不愁，过上了有品质的生活，这是怎么做到的呢？原来妈妈很会精打细算。每到应季的时候，去商场里买那些品牌的衣服往往是非常昂贵的，所以妈妈会等到反季的时候去买这些品牌的服装，只以极低的价格就买到了原价很贵的衣服，既能够保证质量，又能够节约金钱，可谓一举两得。在超市里，妈妈对于各种商品的价格也非常熟悉。每当看到有打折促销的时候，她就会购买囤货，这样使得家里使用的生活必需品都十分物美价廉。妈妈不仅自己很节约，也很注重培养琪琪的财商。例如在带着琪琪去超市采购的时候，妈妈会给琪琪讲述什么叫性价比。

　　原本琪琪以为所谓的会过日子，就是买那些便宜的东西，这样的想法被妈妈否定了。妈妈说："那些便宜的东西质量未必好，我们要买品牌的东西，这样质量才能有保证。但是我们又不想花太多的钱，所以就要追求性价比。所谓性价比，就是在质量与价格之间找到一个最佳的平衡点，既能够以低价买到高质的东西，又能够节约金钱，这岂不是一举两得吗？"经过妈妈的一番解释，琪琪恍然大悟。此外，妈妈还教会了琪琪很多省钱的小诀窍，例如反季节买衣服，在超市促销打折的时候囤货，再如去看电影的时候，可以在一些网站上购买电影票，团购的价格会比正价便宜很多。渐渐地，琪琪受到妈妈的影响，也变成了一个会过日子的小能手。

　　周末，琪琪去看爷爷奶奶，正好爷爷奶奶家楼下的电影院开业了，琪琪决定请爷爷奶奶看电影。爷爷奶奶本来带了钱去买票，但是琪琪却对爷爷说："爷爷，你不要买票，我在网上买能省很多钱呢！"电影票原本是

60元一张，琪琪在网上买每张电影票才19.9元，就这样琪琪用60元钱买了三张电影票。爷爷奶奶由衷地对琪琪竖起大拇指说："你这个孩子真是个小人精，这么小的年纪就这么会过日子，这都是因为你妈妈教得好呀！"

正是因为妈妈的言传身教，琪琪才非常擅长省钱。父母一定要告诉孩子，爸爸妈妈挣来的每一分钱都是辛苦努力才换来的，在供给家里开销之后，才能够慢慢地积攒，有了一定的积蓄。当孩子知道了金钱来之不易，他们就会更主动地节省金钱。当然，省钱并不是盲目地购买那些低价劣质的东西，这些东西即使买回家里也不能用，或者是用着很不舒服，这样就得不偿失。要让孩子追求性价比高的商品，以更低的价格，买到更高品质的东西，这样才是真正划算的买卖。具体来说，节俭有哪些小窍门呢？

1.反季节购买

对于衣物，因为反季节时商家急于清空库存，所以折扣的力度很大。例如在夏天的时候买冬天穿的羽绒服，至少能够享受5折的优惠。在秋天的时候买夏天的衣服，因为已经到了季末清仓的时候，所以夏装会很便宜。

2.学会运用网络

如今有很多团购网站会以团购的形式售卖一些东西，这些东西在实体店购买价格会很高，在团购网站购买的话会节省很多钱。有一些品牌商品在网站上的价格会比商场里的低很多，如果坚持以团购网站的方式购买东西，长期下来可以节约很大的一笔开支。

3.可以合理囤货

所谓囤货，并不是遇到便宜的东西就买很多，而是要根据产品的保质期来进行囤积。保质期长的产品可以多买一些，保质期短的产品，即使再便宜，也不能囤积，否则，等到产品过期扔掉了，反而是一种浪费。一些生活中的易耗品，例如牙刷、洗面奶、洗发水等，这些东西保质期通常都比较长，使用的频率也很高，每天都要使用，还有孩子的文具等，也属于易耗品。那么，在遇到这些东西打折的时候就可以多购买一些囤积起来，用的时候就可以拿，当然比急用的时候以正价去买要划算得多。

4.多去那些免费的地方游玩

很多孩子都喜欢出去旅游，但是他们最喜欢去的地方就是游乐场。孩子喜欢玩，这是天生的，但是父母要引导孩子玩得更节约，也要引导孩子玩得更有意义。在一些大城市里，会有门票免费的博物馆，父母如果经常带孩子去博物馆，可以让孩子得到免费的学习机会，何乐而不为呢？

5.可以废物利用，自制一些简单的东西

在废物利用的过程中，常常需要孩子自己动手制作一些简单东西，这样能够培养孩子的动手能力，让孩子变得心灵手巧。有些父母本身不爱制作东西，家里不管需要什么，都会花钱去买，这么做会给孩子带来不好的影响，使孩子觉得只要花钱就能买到所有的东西，过于依赖金钱。父母带着孩子一起DIY，做一些东西，不仅可以培养孩子的动手能力，还能让孩子在做各种东西的过程中感受到乐趣，同时增进亲子感情，是一举数得的事情。

6.在购物之前要做好购物计划

很多人购物都是属于冲动购物，他们在去购物之前并没有明确的计划，而在到达购物场所之后，看到那些东西就会产生很强的购物欲望，因而不知不觉间就买了超量的东西，使得开销大大超出预算。显而易见，如果每次买东西都会超支的话，那么一个月下来，就会出现入不敷出的情况。所以，父母要教会孩子在购物之前制订详细的购物计划，也可以列举购物清单，在进入超市之后，尽量避免闲逛，而是要直奔主题，拿到自己想要的商品就可以离开，这样才能够有效地控制自己的购物冲动。

告诉孩子节俭是传统美德，并不丢人

有人觉得勤俭节约是一件丢人的事情，尤其是当着他人的面时，他们不愿意勤俭节约，而更愿意铺张浪费，仿佛只有这样才能够维持自己的面子，这一点可以从中国人历来的请客传统上看出来。在中国，大多数人在请客的时候都会点满满一桌子的美味佳肴，即使客人很少，他们的菜品数量也并不会因此而减少，因为他们想要通过丰盛的菜品表达对客人的尊重，也表现出他们的热情好客，最重要的是，这样也可以彰显出他们的经济实力。然而，等到客人吃饱喝足离开之后，满桌子杯盘狼藉，那么多的美味佳肴变成了剩饭剩菜，除了被倒入泔水桶之外，并没有其他的出路，这造成了极大的浪费。曾经有统计数据显示，中国每年浪费的菜品是非常多的。

很多父母觉得如今家庭生活条件越来越好了，孩子不需要那么节俭，也不要让孩子过得太拮据，尤其是在生活开销方面，父母自己都不愿意精打细算，又怎么会要求孩子勤俭节约呢？尤其是当父母觉得过于节俭是很

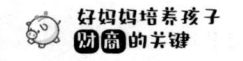

丢人的事情时，孩子就会无形中受到父母的影响，也把节俭看成是丢人老土的表现，他们认为只有挥霍才是慷慨大方的表现，因而无意中就会追求铺张浪费。在这样的环境中成长，受到这样的教育，孩子的金钱观就发生了扭曲，他们对于金钱的理解完全本末倒置了。这个思想上的误区，使得他们对于金钱的理解出现很大的偏差。

常言道，勤俭节约是美德。不管时代如何发展，勤俭节约都是值得赞许的，并不丢人。所以父母首先要端正心态，才能够给予孩子正确的引导。如果父母的心态都不正确，那么又要如何引导孩子呢？

周末家里来了客人，爸爸妈妈带着佳明一起请客人吃饭。到了饭店之后，爸爸妈妈点了满满一桌子的菜。几个人根本就吃不完这么多菜，客人几次劝说爸爸妈妈不要继续点菜了，但是爸爸妈妈却不愿意，还是按照计划点了十几个菜。看到满桌子的美味佳肴，佳明吃得很多，但是他的小肚子毕竟容量有限，吃了一会儿，他就吃饱了。佳明在一旁玩了起来，爸爸妈妈和客人边吃边交谈，又吃了很长时间才结束。等到他们收拾收拾准备离开的时候，佳明发现桌子上还有很多饭菜，他忍不住叫起来："哎呀，剩了这么多！"这个时候，饭店的服务生说："请问，您需要打包盒吗？"爸爸妈妈都表示不需要。客人很费解地说："还剩这么多饭菜呢，不要太浪费了，要不打包带走吧？"爸爸妈妈还是连连摆手拒绝，但是客人却对服务生说："还是拿几个打包盒来吧，我们打包。"就这样，客人打包了六份食物，爸爸妈妈还是坚决不拿。客人说："你们既然不愿意拿，那我就拿走了，晚上吃是没有问题的。"

回到家里,佳明不解地问:"爸爸妈妈,那么多好吃的,你们怎么不要呢?"爸爸妈妈对家明说:"这些食物啊,都是很好的食物,但是当着客人的面,打包总是不太好意思的。"佳明更纳闷儿,说:"那为什么客人会拿走呢?"爸爸妈妈被佳明问得语塞,很久都没有说话。过了一会儿,爸爸妈妈才对佳明说:"客人之所以把这些剩饭剩菜拿走,是因为客人认为勤俭节约是美德,客人这么做是对的。以后,我们也要向客人学习,如果吃不完那么多食物,就不能点那么多的菜,有了剩的食物也要打包带回来,晚上再吃,这样才不浪费。"听了爸爸妈妈的回答,佳明恍然大悟:"哈哈,爸爸妈妈,你们一定是死要面子活受罪吧。"爸爸妈妈都面红耳赤,无言反驳。

在这个事例中,爸爸妈妈正是因为要面子,所以才点了那么多饭菜,明明知道吃不了也要铺张浪费,而在吃完饭之后,服务生已经提醒可以打包,他们还接连拒绝,不得不说,爸爸妈妈的面子心理还真的是很重啊。和爸爸妈妈的行为截然相反的是,客人主动要求打包,而且在爸爸妈妈不拿走剩饭剩菜的情况下,客人把剩饭剩菜拿走了,其实这是因为客人与爸爸妈妈对于打包的行为理解是不同的:爸爸妈妈觉得打包是丢人的,而客人却觉得打包是勤俭节约的表现,所以他很愿意这么做,也很积极地这么去做。

父母要想培养孩子节俭的好习惯,切勿当着孩子的面铺张浪费,就像事例中佳明的父母一样。他们当着佳明的面点了很多菜,又不愿意打包,把这些菜全都丢掉,那么就会给佳明错误的引导。父母只有自己先做到节约，才能够教会孩子节约。

　　在西方的很多家庭里，虽然经济条件非常好，但是却从来不会给孩子提供太好的物质条件，而是一直注重培养孩子节约的习惯。例如他们会让孩子在校园里捡垃圾，会让孩子收集一些冷饮瓶，这样一来，学校就会付一些报酬给孩子。虽然这些报酬比较少，但是孩子们并不会因此觉得做那些事情很丢人，相反他们会感到很自豪，毕竟他们靠着自己的劳动赚取了一些钱。很多父母还会让孩子走出家门去外面打工，例如去帮餐馆刷盘子，去给社区送报纸等，这样一来，孩子们就可以感受到挣钱的辛苦，也会意识到节约金钱是一种真正的美德。

告诉孩子凡事有度，节俭不可过度

前文刚刚说到，节约是美德，接下来我们就要说一说，凡事皆有度，过度犹不及，节约也是如此。节约一旦过度，就会产生相反的作用和效果，所以父母在教育孩子节约的同时，也要让孩子知道节约有度的道理。诸葛亮说，静以修身，俭以养德。节约是中华民族的传统美德，然而随着时代的不断发展和进步，随着经济水平的提高，普通老百姓的生活越来越富裕，物质得到极大丰富，这导致奢靡的风气越来越盛行。在这样的时代背景之下，节约这种美德就显得尤为珍贵。

有一些父母致力于为孩子提供最好的物质生活条件，也有一些父母高瞻远瞩，他们会非常主动地培养孩子节约的习惯。但是如果父母总是在孩子面前念叨一定要节约，那么渐渐地孩子就会形成错误的节约观念，即觉得不管做什么事情都应该节约，不管有哪些开销都应该以省钱为最终的目的。不得不说，这样的节约已经走向了过度，我们非但不应该提倡这样的节约观点，而且要尽量避免自己或者孩子做出这样的节约行为。过度节

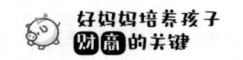

约，甚至还会威胁孩子的安全健康，所以父母要在适度节约的前提之下教会孩子节约，不要本末倒置，让孩子只知道节约而不知道消费。

　　西方国家的一些作品塑造了守财奴、吝啬鬼的形象，这些守财奴、吝啬鬼只知道赚钱攒钱，而不愿意花钱。不得不说，他们是不折不扣的金钱奴隶，要想成为金钱的主人，就要学会合理消费和支配金钱，让金钱创造价值和意义。如果总是守着金钱而从来不花费金钱，那么金钱又有什么作用呢？这就是适度节约与过度节约的区别，适度的节约是美德，过度的节约却会让我们变成吝啬鬼和守财奴，成为金钱的奴隶，显然这是非常不理性的做法。

　　此外，如果因为节约而穿着破破烂烂的衣服，会让孩子产生自卑心理；如果因为节约而吃着最简单粗糙的食物，会使成长中的孩子不能得到足够的营养，会影响孩子的身体健康；如果因为节约就坚决不给孩子零花钱，让孩子在看到同学消费的时候只能摸着空空如也的口袋不敢吱声，这会使孩子变得畏手畏脚。过度的节约会让孩子的成长受到伤害，所以明智的父母一定不会过度节约，而是会给予孩子一定的空间，让孩子在成长的过程中能够保持健康的消费心态和合理的消费状态。

　　刘军的家庭经济状况非常好，他的父母都是公务员，家里的收入非常稳定，而且也有房子、车子，属于不折不扣的中产阶层。但是在学校里，刘军却是最小气的。有的时候同学们轮流请客吃冷饮，刘军只会吃其他同学的冷饮，而轮到他请客的时候，他就会找各种理由推脱。在中午吃饭的时候，同学们都会吃一些营养搭配均衡的饭菜，但是刘军吃的饭菜却是最简单的，每天都是清水煮白菜，再配上一点米饭。看到刘军面黄肌瘦，老师很担心他的身体。老师不知道刘军为何这么节俭，他怀疑刘军是不是把爸爸妈妈给他的生活费用到别处了，所以找到一个机会和刘军的父母进行了沟通。

在家长会结束后，老师特意留下了刘军的父母。他问刘军的父母："刘军爸爸妈妈，我感觉你们家的经济条件应该是不错的。有一点我不太明白，就是孩子每天中午吃的饭都非常简单，我觉得孩子正处于青春期，需要营养，如果长期这么吃的话，会影响孩子的身体健康。不知道是孩子挪用了你们给的生活费，还是什么其他的原因导致的？"听到老师的话，刘军爸爸当即解释道："我们家虽然经济条件还可以，但是我们全都奉行勤俭节约的原则，也一直要求孩子必须养成节约的好习惯。孩子没有挪用生活费，而是因为我们严格规定了他的生活费不能够超过多少钱。如果他吃得太好的话，那么他的生活费肯定就会超支，这样一来，他下半月就会没钱吃饭了。"听到刘军爸爸的话，老师恍然大悟。老师对刘军爸爸说："刘军爸爸，您要求孩子节约，这是非常好的教育方式，我是非常支持的。不过对于孩子的成长来说，他需要营养物质的支持，而且孩子们之间的交往也需要一定的金钱开销。例如孩子们会轮流请客吃冷饮，刘军总是吃其他孩子的，而从不请其他孩子吃，我觉得这对于孩子的身体成长、心理健康都是不利的。您看您是否可以考虑给孩子多一些生活费，让孩子能够进行正常的社交活动，也可以吃比较营养的饭菜呢？"听到老师的话，刘军的爸爸感到很羞愧，他满脸通红地说："看来，我是矫枉过正了！以后，我一定多多注意，绝对不会让孩子再这么抠门了。"

在这个事例中，爸爸显然犯了节约过度的错误。父母虽然要让孩子养成勤俭节约的好习惯，但不要逼着孩子过度节省。老师说得很对，孩子在学校里需要和同学相处，孩子成长也需要足够的营养，过度节俭对于孩子的成长是不利的。在这个案例中，父母本身也许并不那么节约，但是他们却对孩子的金钱严格把控，给孩子的身体和学习都造成了负面影响。实际上，有几种节俭是非常不合理的。例如，为了节俭而节衣缩食，这样一来无法保证身体获得营养，二来会使得孩子产生自卑心理。再如，为了节俭而降低生活的品质，有的人为了节俭而吃那些路边摊的食品，这些食品中可能会有大量的细菌，导致身体受到伤害。实际上在外面吃饭的时候，哪怕多花一些钱，也要去正规的地方就餐，这样才能够保证身体健康，这可不是奢侈和浪费，而是为了追求生活的品质。

作为父母，一定要弄清楚节俭和抠门之间的区别。节俭过度就会变成抠门，如果孩子从小就养成了抠门的坏习惯，那么将来他们不管是做事情还是对待他人，也都会过度控制，这显然不利于孩子的身心健康发展，也不利于孩子发展良好的人际关系。

参考文献

[1]富家益.教孩子理财那些事儿 漫画版[M].北京：中国财富出版社，2019.

[2]宫曙光.能启迪孩子理财智慧的101个财富寓言[M].长春：北方妇女儿童出版社，2011.

[3]艾玛·沈，杨舒乔.高财商孩子养成记[M].北京：中国铁道出版社，2019.